"十三五"高等职业教育规划教材

安徽省高校省级质量工程规划教材

SQL Server数据库
项目化教程

方少卿　主　编

刘　兵　张　锐　副主编

中国铁道出版社有限公司

CHINA RAILWAY PUBLISHING HOUSE CO., LTD.

内 容 简 介

本书为安徽省高校质量工程省级规划教材立项教材——计算机专业项目化系列教程（2017ghjc290）的组成部分。本书针对高职教育特点，从数据库开发实际需求出发，打破根据知识点安排章节的传统思路，而是以与企业合作开发的真实案例"职苑物业管理系统"的开发过程贯穿全书，由实际项目开发步骤合理安排知识结构，将课程内容与行业标准和岗位规范对接、教学过程与生存过程对接，每个任务和单元之后合理安排拓展知识，并配有小结、实训和练习，以帮助读者对知识的学习和巩固，读者还可以通过扫描二维码在线观看操作视频。

本书共分 12 个单元，基于 Microsoft SQL Server 2012 进行开发与学习，主要介绍了数据库设计、数据库开发环境搭建、数据库操作、表的操作、数据查询、复杂查询、安全性管理、增加测试数据和事务控制、提高系统性能、数据库管理、自动业务处理和系统部署等内容。

本书适合作为高等职业院校计算机、电子信息、物联网技术应用等专业（方向）的教材，也可供从事信息技术、嵌入式系统与物联网技术开发的工程技术人员参考。

图书在版编目（CIP）数据

SQL Server 数据库项目化教程 / 方少卿主编 . —北京：
中国铁道出版社有限公司，2020.1（2021.7 重印）
"十三五"高等职业教育规划教材
ISBN 978-7-113-26575-5

Ⅰ. ① S… Ⅱ. ①方… Ⅲ. ①关系数据库系统 – 高等
职业教育 – 教材 Ⅳ. ① TP311.132.3

中国版本图书馆 CIP 数据核字（2020）第 016544 号

书　　名：SQL Server 数据库项目化教程
作　　者：方少卿

策　　划：翟玉峰		编辑部电话：（010）83517321
责任编辑：翟玉峰　包　宁		
封面设计：刘　颖		
责任校对：张玉华		
责任印制：樊启鹏		

出版发行：中国铁道出版社有限公司（100054，北京市西城区右安门西街 8 号）
网　　址：http://www.tdpress.com/51eds/
印　　刷：北京铭成印刷有限公司
版　　次：2020 年 1 月第 1 版　2021 年 7 月第 2 次印刷
开　　本：787 mm×1 092 mm　1/16　印张：12.5　字数：291 千
书　　号：ISBN 978-7-113-26575-5
定　　价：35.00 元

我国已进入新的发展阶段，产业升级和经济结构调整不断加快，各行各业对技术技能人才的需求越来越紧迫，职业教育的重要地位和作用越来越凸显。

国务院发布的《国家职业教育改革实施方案》（国发〔2019〕4号）（以下简称"方案"）提出："深化产教融合、校企合作，育训结合，健全多元化办学格局，推动企业深度参与协同育人，扶持鼓励企业和社会力量参与举办各类职业教育。"方案要求各职业院校"按照专业设置与产业需求对接、课程内容与职业标准对接、教学过程与生产过程对接的要求…… 提升职业院校教学管理和教学实践能力"。为了更好地提升计算机和信息技术技能人才的培养质量，针对目前相当一部分高职计算机和信息技术专业中的教学过程和课程内容仍延续传统的学科体系，核心课程间缺乏联系或联系不紧密的现象，以及教学内容和行业标准、工作过程脱节的现象，我们与企业合作规划设计了这套计算机项目化系列教程，整个系列教程围绕计算机应用专业和软件技术专业的核心课程和技能进行整合，以行业企业的软件设计开发的岗位技能和标准需求来规划设计整套教程。全系列教程以一个真实企业项目引领，围绕项目开发需要组织学习内容。

本系列教程的编写是主编及参编教师在长期的教学过程中，对教与学过程的总结与提升的结果。在对现有的教材认真分析后，教师们认为普遍存在如下一些缺点：

（1）缺少前后课程间的内容衔接。现有专业核心教材各自都注重本课程的体系完整性，但缺少课程间的内容衔接、课程间关联度不高，这影响了IT人才培养的质量与效率，也与高职技术技能型人才培养目标吻合度有距离。

（2）教学内容和行业标准、工作过程脱节。缺乏真实项目引领的教材，教材内容和行业标准、工作过程脱节，从而使学生学习的目标不明，学习的针对性不足，从而影响学生学习的主动性和积极性。

我们提出以一个项目贯穿专业的主干课程的思想，针对在高职人才培养过程中存在的课程间的衔接不好、各课程相互关联度不高等问题，力争从专业人才培养的顶层对专业核心课程进行系统化的开发，组建了教学团队编写教学大纲，并委托安徽力瀚科技有限公司定制开发两个版本的"职苑物业管理系统"——桌面版和Web版。两个版本有相同的业务流程，桌面版主要为"C#程序设计项目化课程"服务，Web版主要为"动态网页设计（ASP.NET）项目化课程"和"SQL Server数据库项目化课程"服务，并在此基础上研发编写系列教材。

（3）学生学习课程的具体目标不明确，影响学习积极性。本系列教程以一个真实的案例开发任务来引领各课程学习，从而使学生学习有明确而实际的学习目标，其中项目经过分解，项目需求与课程相匹配，有明确的任务适合学生经学习后来完成，以增强学生的成就感和积极性。

本系列教程的编写以企业实际项目为基础，分析相关课程的教学内容和教学大纲，对工作过程和知识点进行分解，以任务驱动的方式来组织。全系列教程以"职苑物业管理系统"设计与开发进行统一规划、分类实现，针对统一规划分别设计了一个基于C#脚本的Web版B/S架构应用系统和一个基于C#脚本的桌面系统，同时还设计了一个C语言的简化版"职苑物业管理系统"，并以此应用系统将软件开发过程以实用软件工程进行总结和提升。所有这些考虑主要是为了让学生学习有明确的目标和兴趣，同时在知识建构中体会所学知识的实际应用，真正体现学以致用和高职特色的理论知识"够用、适度"要求，又兼顾学生对项目开发过程的理解。

本系列教程具有以下突出特点：

① 一个项目贯穿系列教程；

② 对接行业标准和岗位规范；

③ 打破课程的界限，注重课程间的知识衔接；

④ 降低理论难度，注重能力和技能培养；

⑤ 形成一种教材开发模式。

本系列教程规划了5本教材，分别是《C语言程序设计项目化教程》《C#程序设计项目化教程》《动态网页设计（ASP.NET）项目化教程》《SQL Server数据库项目化教程》《实用软件工程项目化教程》，每本书按软件开发先后次序展开，并以任务的形式分步进行。每个任务分三部分，第一部分导入任务，第二部分介绍任务涉及的基本知识点，第三部分是完成任务，有些必需而任务中又没有涉及的知识则以知识拓展、拓展任务或延伸阅读的形式提供。为了配合教师更好地教学和学生更方便地学习，每本书都提供了丰富的数字化教学资源：有配套的PPT课件，并提供了完整的项目代码和教学视频供教师教学和学生课下学习使用；对一些关键内容还提供了微视频，学习者可通过扫描相应的二维码进行学习。同时每单元的实训任务也是配合教学内容相关的知识点进行设计，以便学生学习和实践操作，强化职业技能和巩固所学知识。

本系列教程为2016年省质量工程名师（大师）工作室——方少卿名师工作室（2016msgzs074）建设内容之一，同时也是安徽省高校省级质量工程规划教材立项教材——计算机专业项目化系列教程（2017ghjc290）的建设内容；项目开发由安徽省高职高专专业带头人资助项目资助。

本系列教材由铜陵职业技术学院方少卿教授任主编并负责规划和各教材的统稿定稿，铜陵职业技术学院张涛、汪广舟、刘兵、查艳、伍丽惠、崔莹、李超，安徽工业职业技术学院王雪峰，铜陵广播电视大学汪时安，安徽力瀚科技有限公司技术总监吴荣荣等为教材的规划、编写做了很多工作。

在本系列教程建设过程中得到铜陵职业技术学院、安徽工业职业技术学院、铜陵广播电视大学有关领导和同仁的大力支持，在此一并深表谢意。

由于编者水平有限，加之一个案例引领专业核心课程还只是一种探索，难免在书中存在处理不当和不合理的地方，恳请广大读者和职教界同仁提出宝贵意见和建议，以便修订时加以完善和改进。

方少卿

2019年10月

前 言

　　Microsoft SQL Server 2012是微软发布的数据平台产品，是一种关系型数据库系统。SQL Server是一个可扩展的、高性能的、为分布式客户机/服务器计算所设计的数据库管理系统，实现了与Windows NT的有机结合，提供了基于事务的企业级信息管理系统方案。

　　编者结合多年从事高职高专学生程序设计语言教学经验，对目前存在的各课程间衔接联系不紧密、相关课程间缺少有效联系的现状，以一个真实项目开发来引领知识学习，同时考虑高职高专人才培养需要和学生基础，以项目需求循序渐进地引入知识点。所用项目是身边的看得见，并且业务逻辑不是很复杂的真实案例。全书以"职苑物业管理系统"的数据库设计开发将相关知识串联起来，真正做到"理论够用适度，项目引领学习"。

　　本书为安徽省高校省级质量工程规划教材立项教材——计算机专业项目化系列教程（2017ghjc290）的组成部分；教材所涉及的案例"职苑物业管理系统"是与企业合作开发的真实案例，并以此案例展开知识点，为了便于教学和学生学习，本书的编写参照SQL课程教学标准和高职高专学生的特点对该案例进行了修改，将案例按照SQL知识点分解成若干个任务引入相关单元中，并基于Microsoft SQL Server Developer Edition 进行开发和调试。

1．本书内容

　　本书共分12个单元，每单元包括若干任务，每个任务分三部分，第一部分导入任务，第二部分是任务涉及的基本知识点，第三部分是完成任务，有些必需而任务中又没有涉及的知识，则以知识拓展或延伸阅读的形式提供。全书12个单元的具体内容如下：

　　单元1 数据库设计：介绍物业管理系统的功能设计、绘制数据库E-R图和转换为数据库表。

　　单元2 数据库开发环境搭建：介绍SQL Server 2012的安装和SQL Server的启动和连接。

　　单元3 数据库操作：介绍使用菜单方式和SQL命令创建、分离和附加数据库，以及其他相关操作。

　　单元4 表的操作：介绍数据库表的创建和表的记录操作。

　　单元5 数据查询：介绍单数据表列和行数据查询、数据排序和简单子句查询。

　　单元6 复杂查询：介绍单个数据表的模糊查询、数据结果多表和嵌套查询。

　　单元7 安全性管理：介绍通过添加不同的用户并分配角色或权限，增加数据库系统的安全性。

　　单元8 增加测试数据和事务控制：介绍增加测试数据和事务控制管理。

　　单元9 提高系统性能：介绍创建索引和使用存储过程实现查询。

　　单元10 数据库管理：介绍数据库备份和还原、导入/导出数据库。

　　单元11 自动业务处理：介绍触发器创建与使用，以及在应用系统中的应用。

　　单元12 系统部署：介绍应用系统常用部署方法和脚本的生成方法。

2．教学内容学时安排建议

　　本书建议授课（线下）56学时+自学（线上）20学时，可根据实际情况决定是否进行混合教学。教学单元与课时安排建议见表1。

表 1　教学单元及学时安排

单元名称	授课学时安排	自学学时
单元 1　数据库设计	6	2
单元 2　数据库开发环境搭建	4	1
单元 3　数据库操作	4	1
单元 4　表的操作	6	2
单元 5　数据查询	6	2
单元 6　复杂查询	6	4
单元 7　安全性管理	6	2
单元 8　增加测试数据和事务控制	4	1
单元 9　提高系统性能	4	1
单元 10　数据库管理	4	1
单元 11　自动业务处理	4	2
单元 12　系统部署	2	1
合计	56	20

3．实训教学建议

本书以一个完整的案例"职苑物业管理系统"贯穿始终，按照"提出任务—模仿工作现场—增加必备技能—解决实际问题—实现功能"为主体的实践教学要求，将"职苑物业管理系统"各功能模块按照任务分解，每单元实现，来加强学生实践能力训练，学习者可以按照每单元任务要求完成功能。

每个单元的结尾增加了和单元任务类似的实训，学习者通过练习加深对所学内容的理解。

对学习者而言，能有的放矢，有实际项目可做，仿佛置身实际项目开发情景，书中的重点难点标识清楚，使学习者能迅速掌握主要内容。

4．配套课程资源

为了配合教师更好地教学和学生更方便地学习，本书开发了丰富的数字化教学资源。可使用的教学资源见表2，提供有配套的PPT课件，并提供了完整的项目代码和教学视频供教师和学生课下学习使用。具体下载地址为：http://www.tdpress.com/51eds/，联系邮箱：TLFSQ@126.com，教材视频请扫描相关内容的二维码进行观看学习。

表 2　课程教学资源一览表

序号	资源名称	数量	表　现　形　式
1	授课计划	1	Word 文档，包括章节内容、重点难点、课外安排，让学习者知道如何使用资源完成学习
2	电子课件	12	PPT 文件，可供教师根据具体需要加以修改后使用
3	微课视频	11	MP4 文件，每单元的重要内容通过微课小视频进行展示，让学习者快速掌握
4	案例素材	1	.NET 程序包，完整的"职苑物业管理系统"实现，包括 C/S 和 B/S 两种形式，让学习者快速掌握数据库在应用系统中的应用

本书由安徽省高职高专专业带头人、安徽省教学名师、铜陵职业技术学院方少卿任主编，铜陵职业技术学院刘兵和张锐任副主编，铜陵职业技术学院崔莹、李超参与编写。具体编写分工如下：单元1由张锐编写；单元2、单元3由方少卿编写；单元4、单元7和单元8由崔莹编写；单元5、单元6和单元10由李超编写；单元9、单元11和单元12和附录A、附录B由刘兵编写。全书由方少卿教授统稿并最后定稿。

　　本书在编写过程中得到了铜陵职业技术学院有关领导的大力支持，同时教材编写过程中参考了本领域的相关教材和著作，在此一并深表谢意。

　　由于编者水平有限，书中疏漏与不妥之处在所难免，恳请广大读者提出宝贵意见和建议，以便修订时加以完善。

编　者

2019年10月

CONTENTS

目　录

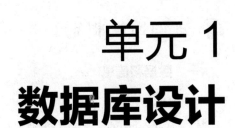

单元 1
数据库设计

好的数据库设计是信息系统开发的重要保证，它可以使设计客户端和服务器端的程序更加容易，避免设计的弯路，也有助于提高系统的性能。在数据库设计时，要按照规范化的步骤进行，一般可以分为：系统规划阶段、需求分析阶段、整体设计阶段、详细设计阶段、编码设计阶段、系统测试阶段和系统运行阶段。

学习目标

➢理解关系型数据库的基本概念；
➢掌握数据库设计的主要步骤；
➢掌握绘制数据库E-R图的方法；
➢将E-R图转换为数据库表。

具体任务

➢任务1　学习物业管理系统的功能设计
➢任务2　绘制物业管理系统数据库的E-R图
➢任务3　将E-R图转换为数据库表

任务 1　学习物业管理系统的功能设计

任务导入

随着物业管理的逐步现代化、信息化，某城市某物业公司要购买一套物业管理系统，实现小区物业管理的信息化。该物业管理系统最重要的功能是对住宅小区内的建筑、房屋、住户、设备、人员等信息进行综合管理，支持物业经理、管理员、住房的信息管理和查询工作，支持一个或多个小区的物业管理。

视　频

某计算机软件公司接受开发业务后，对物业公司的需求进行了分析，并深入了解了物业公司的业务流程。根据物业公司的需求，明确系统的功能设计，确定系统的详细功能模块和数据结构，并为下阶段开发工作提供依据。

公司技术人员经过分析认为：信息系统的建设，首先要分析用户需求，然后进行系统设计，确定系统开发平台和系统功能设计。所以首先要划分系统的各个功能，以及各个功能的关系图。

知识技能准备

一、数据和信息

1. 信息

信息（Information）是人们头脑中对现实世界中客观事物以及事物之间联系的抽象反映，它向人们提供了关于现实世界实际存在的事物和联系的有用知识。

2. 数据

数据是人们用各种物理符号，把信息按一定格式记载下来的有意义符号组合。数据包括数据内容和数据形式。

3. 数据与信息的关系

数据是信息的具体表示形式，信息是各种数据所包括的意义。信息可用不同的数据形式来表现，信息不随数据的表现形式而改变。例如，1980年10月1日与1980–10–1表示的信息相同。

信息和数据的关系是：数据是信息的载体，它是信息的具体表现形式。

二、数据处理与数据管理

1. 数据处理

数据处理又称信息处理（Information Process），它是利用计算机对各种类型的数据进行处理，从而得到有用信息的过程。信息是数据处理的结果。

数据的处理过程包括：数据收集、转换、组织，数据的输入、存储、合并、计算、更新，数据的检索、输出等一系列活动。

2. 数据管理

计算机数据管理是指计算机对数据的管理方法和手段。数据管理是指对数据的组织、分类、编码、存储、检索和维护，是数据处理的中心问题。

三、数据库技术的发展概况

数据库技术是计算机科学技术中发展最快的分支，所研究的问题是如何科学地组织和存储数据、如何高效地获取和处理数据。1963年，美国Honeywell公司的IDS（Integrated Data Store）系统投入运行，揭开了数据库技术的序幕。自20世纪60年代末70年代初以来，数据库技术不断发展和完善，在整个过程中主要经历了四个阶段：人工管理阶段、文件系统阶段、数据库系统阶段和高级数据库系统阶段。

1. 人工管理阶段

20 世纪 50 年代中期以前是计算机用于数据管理的初级阶段，主要用于科学计算，数据不保存在计算机内。计算机只相当于一个计算工具，没有磁盘等直接存取的存储设备，没有操作系统，没有管理数据的软件，数据处理方式是批处理。数据的管理由程序员个人考虑安排，只有程序（Program）的概念，没有文件（File）的概念。迫使用户程序与物理地址直接打交道，效率低，数据管理不安全、不灵活；数据与程序不具备独立性，数据成为程序的一部分，数据面向程序，即一组数据对应一个程序，导致程序之间大量数据重复。

2. 文件系统阶段

20 世纪 50 年代后期到60年代中期，计算机有了磁盘、磁鼓等直接存取的存储设备，操作系统有了专门管理数据的软件——文件系统。文件系统使得计算机数据管理的方法得到极大改善。这个时期的特点是：计算机不仅用于科学计算，而且还大量用于管理。处理方式上不仅有了文件批处理，而且能够联机实时处理。所有文件由文件管理系统进行统一管理和维护。但传统的文件管理阶段存在数据冗余性（Data Redundancy）、数据不一致性（Data Inconsistency）、数据联系弱（Data Poor Relationship）、数据安全性差（Data Poor Security）、缺乏灵活性（Lack of Flexibility）等问题。

3. 数据库系统阶段

20 世纪 60 年代后期以来，计算机用于管理的规模更为庞大，以文件系统作为数据管理手段已经不能满足应用的需求，为解决多用户、多应用共享数据的需求，使数据为尽可能多的应用服务，出现了数据库技术和统一管理数据的专门软件系统——数据库管理系统。

1）标志文件管理数据阶段向现代数据库管理系统阶段转变的三件大事

➢ 1968年，IBM（International Business Machine Corporation，国际商用机器公司）推出了商品化的基于层次模型的IMS系统。

➢ 1969年，美国CODASYL（Conference On Data System Language，数据系统语言协商会）组织下属的DBTG（DataBase Task Group，数据库任务组）发布了一系列研究数据库方法的DBTG报告，奠定了网状数据模型基础。

➢ 1970年，IBM公司研究人员E.F.Codd提出了关系模型，奠定了关系型数据库管理系统的基础。

2）数据库系统阶段的特点

➢ 使用复杂的数据模型表示结构。

➢ 具有很高的数据独立性。

➢ 为用户提供了方便的接口（SQL）。

➢ 提供了完整的数据控制功能。

➢ 提高了系统的灵活性。

4. 高级数据库系统阶段

20世纪80年代以来，关系数据库理论日趋完善，逐步取代网状和层次数据库，占领了市场，并向更高阶段发展。目前，数据库技术已成为计算机领域中最重要的技术之一，它是软件科学中的一个独立分支，正在向分布式数据库、知识库系统、多媒体数据库方向发展。特别是现在的数据仓库和数据挖掘技术的发展，大大推动了数据库向智能化和大容量化的发展趋势，充分发挥了数据库的作用。

四、数据库系统的组成

数据库系统（Database System，DBS）是实现有组织地、动态地存储大量关联数据、方便多用户访问的计算机硬件、软件和数据资源组成的系统，即它是采用数据库技术的计算机系统。

数据库系统指在计算机系统中引入数据库后构成的系统，狭义的数据库系统由数据库、数据库管理系统组成。广义的数据库系统由数据库、数据库管理系统、数据库应用系统、数据库管理员和用户构成。

1. 数据库

数据库是与应用彼此独立的、以一定的组织方式存储在一起的、彼此相互关联的、具有较少冗余的、能被多个用户共享的数据集合。

2. 数据库管理系统（DBMS）

数据库管理系统（Database Management System，DBMS）是一种负责数据库的定义、建立、操作、管理和维护的系统管理软件。

DBMS位于用户和操作系统之间，负责处理用户和应用程序存取、操纵数据库的各种请求，包括 DB 的建立、查询、更新及各种数据控制。DBMS 总是基于某种数据模型，可以分为层次型、网状型、关系型和面向对象型等。数据库管理系统具有如下功能：

（1）数据定义：定义并管理各种类型的数据项。

（2）数据处理：数据库存取能力（增加、删除、修改和查询）。

（3）数据安全：创建用户账号、相应的口令及设置权限。

（4）数据备份：提供准确、方便的备份功能。

常用的大型DBMS：SQL Server、Oracle、Sybase、Informix、DB2。

3. 数据库管理员（DBA）

数据库管理员（Database Administrator，DBA）是大型数据库系统的一个工作小组，主要负责数据库设计、建立、管理和维护，协调各用户对数据库的要求等。

4. 用户

用户是数据库系统的服务对象，是使用数据库系统的人。数据库系统的用户可以有两类：终端用户、应用程序员。

5. 数据库应用系统

数据库应用系统是指在数据库管理系统提供的软件平台上，结合各领域的应用需求开发的软件产品。

五、当前常用数据库系统

1. Oracle数据库

Oracle数据库是美国Oracle（甲骨文）公司研制的关系型数据库系统。Oracle 前身是SDL，由Larry Ellison 和另两个编程人员在1977年创办。1979年，Oracle公司引入了第一个商用SQL关系数据库管理系统。Oracle公司是最早开发关系数据库的厂商之一，其产品支持最广泛的操作系统平台。

2．SQL Server数据库

SQL Server数据库是美国微软公司研制的关系型数据库系统，它和微软公司的操作系统结合紧密，易用性强。

1987年，微软和IBM合作开发完成OS/2，IBM在其销售的OS/2 Extended Edition系统中绑定了OS/2 Database Manager，而微软产品线中尚缺少数据库产品。为此，微软将目光投向Sybase，同Sybase签订了合作协议，使用Sybase的技术开发基于OS/2平台的关系型数据库。1989年，微软发布了SQL Server 1.0版。

3．MySQL数据库

MySQL是一个小型关系型数据库管理系统，开发者为瑞典MySQL AB公司。在2008年1月16日被Sun公司收购。目前，MySQL被广泛应用在Internet上的中小型网站中。由于其体积小、速度快、总体拥有成本低，尤其是开放源码这一特点，许多中小型网站选择了MySQL作为网站数据库。

任务实施

1．系统开发环境

微软平台具有功能强大、易使用、使用广泛、资源丰富等特点，项目开发小组决定开发工具软件采用Visual Studio 2015和SQL Server 2012。

2．系统结构图

系统结构图是系统主要功能之间的关系。通过物业管理系统的系统结构图设计，可以对系统有一个清晰的认识。"物业管理系统"系统结构图如图1-1所示。

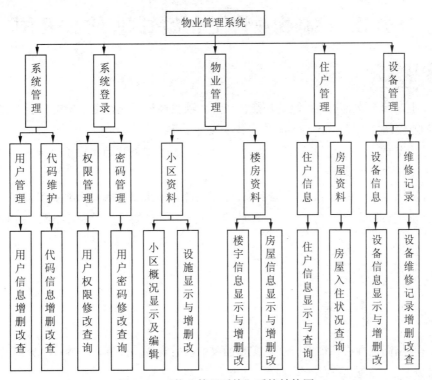

图 1-1　"物业管理系统"系统结构图

3．系统功能介绍

1）系统管理模块

管理员可以实现此项操作，进行物业管理员信息的录入、修改、删除工作，并赋予其他相应的物业管理权限。

要实现系统管理模块的功能，需要对用户分类，并根据需要，对不同类型用户设置相应的权限，分级实现用户的管理。如超级用户可以进行公司整个物业的管理，小区和管理员只能进行本区的物业管理等。

2）物业管理模块

录入小区资料、楼房资料和车位等物业信息，在具有相应权限的物业管理员操作下，实现数据的查询、录入、修改和删除工作。

物业管理模块的实现，需要物业的相关信息，包括小区的基本信息、房型、楼宇信息、车库信息、型号等。

3）住户信息模块

录入业主信息，并提供查询、修改、删除、物业费用收取等工作。

住户信息模块，需要有业主的基本信息、业主的物业关联、业主的缴费信息等。

4）设备信息管理模块

实现小区中设备信息的查询、录入、修改、删除工作。

设备信息管理模块，需要有物业设备的详细资料、设备的维修记录等。

任务 2　绘制物业管理系统数据库的 E-R 图

任务导入

项目开发组在分析物业管理系统的功能模块后，项目经理将执行更重要的功能，那就是根据功能要求，对物业管理数据库EstateManage进行概要设计工作。

概要设计首先要进行E-R图的设计，然后针对E-R图与客户和项目组成员进行沟通，讨论数据库概要设计能否满足客户要求。

项目组分析认为：E-R图是数据库概要设计的图形化表示形式。要绘制E-R图，首先是根据数据库范式设计要求进行数据库的规范工作，然后根据概要设计的要求，绘制E-R图，并标识出实体之间的相互关系。

知识技能准备

一、实体

实体是具有相同属性或特征的客观现实和抽象事物的集合。该集合中的一个元组就是该实体的一个实例（Instance）。

实体联系模型（E-R模型）反映的是现实世界中的事物及其相互联系。实体联系模型为数据库建模提供了3个基本的语义概念：实体（Entity）、属性（Attributes）、联系（Relationship）。

实体型：具有相同属性的实体具有共同的特征和性质，用实体名及其属性名集合来抽象和刻画同类实体称为实体型。属性值的集合表示一个实体，而属性的集合表示一种实体的类型，称为实体型。

属性：表示一类客观现实或抽象事物的一种特征或性质。

联系：是指实体类型之间的联系，它反映了实体类型之间的某种关联。

二元实体间联系的种类可分为一对一、一对多、多对多联系。

1. 一对一联系（1∶1）

对于实体集E_1中的每个实体，实体集E_2中至多有一个实体与之联系，反之亦然，则称实体集E_1与实体集E_2具有一对一联系，记为1∶1。例如，一名乘客与一个座位之间具有一对一联系，如图1-2所示。

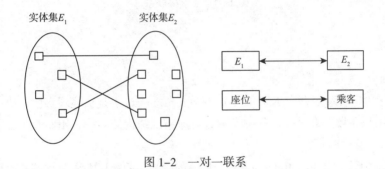

图 1-2　一对一联系

2. 一对多联系（1∶n）

对于实体集E_1中的每个实体，实体集E_2中有n个实体（$n \geq 0$）与之联系；反过来，对于实体集E_2中的每个实体，实体集E_1中至多有一个实体与之联系，则称实体集E_1与实体集E_2具有一对多联系，记为1∶n。例如，一个车间有多名工人，一个工人只属于一个车间，车间与工人之间具有一对多联系，如图1-3所示。

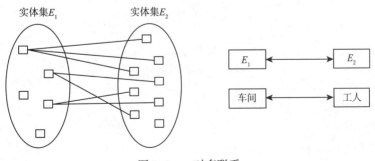

图 1-3　一对多联系

3. 多对多联系（m∶n）

对于实体集E_1中的每个实体，实体集E_2中有n个实体（$n \geq 0$）与之联系；反过来，对于实体集E_2

中的每个实体，实体集E_1中也有m个实体（$m \geq 0$）与之联系，则称实体集E_1与实体集E_2具有多对多联系，记为$m:n$。例如，学生在选课时，一个学生可以选多门课程，一门课程也可以被多名学生选修，则学生与课程之间具有多对多联系，如图1-4所示。

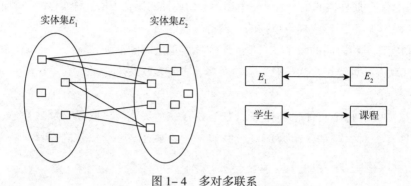

图1-4 多对多联系

二、E-R图

1. E-R图简介

E-R方法："实体–联系方法"（Entity-Relationship Approach）是描述现实世界概念结构模型的有效方法，是一种用来在数据库设计过程中表示数据库系统结构的方法。用E-R方法建立的概念结构模型称为E-R模型，又称E-R图。

E-R图：实体联系图（Entity Relationship）是一种可视化的图形方法，它基于对现实世界的一种认识，即客观现实世界由一组称为实体的基本对象和这些对象之间的联系组成，是一种语义模型，使用图形模型表达数据的意义。

E-R图的基本思想就是分别用矩形框、椭圆形框和菱形框表示实体、属性和联系，使用无向边将属性与其相应的实体连接起来，并将联系分别和有关实体相连接，并注明联系类型，如图1-5所示。

图1-5 E-R图的基本元素

2. E-R图的绘制步骤

（1）确定实体类型。

（2）确定联系类型（$1:1$、$1:n$、$m:n$）。

（3）把实体类型和联系类型组合成E-R图。

（4）确定实体类型和联系类型的属性。

（5）确定实体类型的键，在E-R图中属于键的属性名下画一条横线。

【例】学生与课程联系的E-R图。

二元实体间联系的简易E-R图如图1-6所示。一个学生可以选修多门课程，一门课程可被多个学生选修，学生和课程是多对多的关系，成绩既不是学生实体的属性也不是课程实体的属性，而是属于学生和课程之间选修关系的属性。学生与课程联系E-R图如图1-7所示。

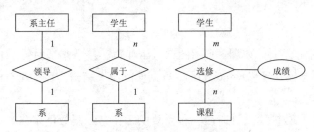

图 1-6　实体联系 E-R 图

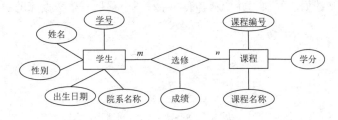

图 1-7　学生与课程联系 E-R 图

任务实施

根据E-R图的各种符号，绘制物业管理系统数据库的主要E-R图。

物业管理系统数据库的E-R图如图1-8所示。

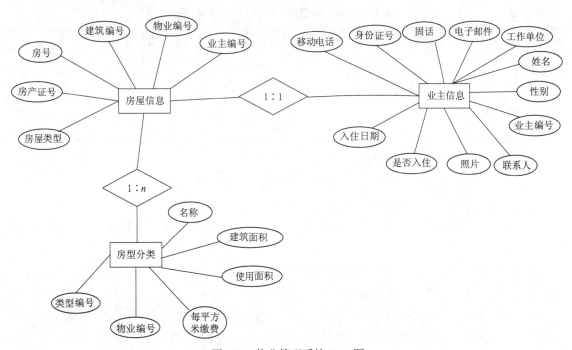

图 1-8　物业管理系统 E-R 图

任务 3　将 E-R 图转换为数据库表

🖥 任务导入

在项目开发组的讨论会上，数据库E-R图通过了评审。接下来项目组的任务是设计数据库的数据字典，即从E-R图概念模式导出EstateManage数据库的逻辑结构，包括所有的数据库表、每张表的列、主键、外键等。

项目组讨论认为：在数据库设计阶段，很重要的工作是编制数据字典。这要求首先熟悉关系模型中的术语（如数据表、列、主键、外键等），掌握E-R图转换为数据库表的方法，并确定数据库中主要的数据表名，定义数据表的列，并标示各表的主外键，最后产生数据库的数据字典。

🎧 知识技能准备

一、关系模型

目前比较流行的数据模型有三种，即层次模型、网状模型和关系模型。应用最广泛的是关系模型。

关系模型是指用二维表的形式表示实体和实体间联系的数据模型。每个表有行和列，每一列的数据为同一类数据，称为字段；每行中的数据称为记录；行和列的数据存在一定的关系，这样形成的表称为关系表，由关系表组成的数据库为关系型数据库。物业管理系统中的buildinginfo表如表1-1所示。

表1-1　物业管理系统中 buildinginfo 表

BuildingId	Propertid	BuildingName	elementsNum	HouseHolds	layers	high	builddate
02355321001	02355321	5 号楼	7	72	7	2.70	2012-12-30
02355321002	02355321	慈宁宫	6	83	6	2.70	2012-12-30
02355321003	02355321	3 号楼	6	72	18	2.70	2012-12-30
05621001001	05621001	兰苑	6	72	6	2.70	2012-12-30
05621001002	05621001	诸葛楼	6	52	6	2.70	2012-12-30

关系模型的基本概念和基本术语主要有：

（1）关系（Relation）：一个关系对应着一个二维表，二维表就是关系名。

（2）元组（Tuple）：二维表中的一行称为一个元组。

（3）属性（Attribute）：二维表中的列称为属性。属性的个数称为关系的元或度。列的值称为属性值。

（4）（值）域（Domain）：属性值的取值范围为值域。

（5）分量：每一行对应的列的属性值，即元组中的一个属性值。

（6）关系模式：二维表中的行定义，即对关系的描述称为关系模式。一般表示为(属性1, 属性2, ..., 属性n)，如老师的关系模型可以表示为教师(教师号, 姓名, 性别, 年龄, 职称, 所在系)。

（7）键（码）：如果在一个关系中存在唯一标识一个实体的一个属性或属性集，则其称为实体的键，即使得在该关系的任何一个关系状态中的两个元组，在该属性上的值的组合都不同。

（8）候选键（候选码）：若关系中的某一属性的值能唯一标识一个元组，如果在关系的一个键中不能移去任何一个属性，否则它就不是这个关系的键，则称这个被指定的键为该关系的候选键或者候选码。

（9）主键（主码）：在一个关系的若干候选键中指定一个用来唯一标识该关系的元组，则称这个被指定的候选键为主关键字，简称为主键、关键字、主码。每个关系都有并且只有一个主键，通常用较小的属性组合作为主键。例如学生表，选定"学号"作为数据操作的依据，则"学号"为主键。而在选课表中，主键为(学号,课程号)。

（10）外键（外码）：是用于建立两个表数据之间关联的一列或多列。某关系的一个属性或多个属性组合不是该关系的主键，但这个属性或属性组合是另一个关系的主键，则称为外键或者外码。

二、E-R 图转换为数据库表的方法

E-R图向关系模型的转换主要是如何将实体和实体间的联系转换为关系模式，如何确定这些关系模式的属性和码。

关系模型的逻辑结构是一组关系模式的集合。E-R图则是由实体、实体的属性和实体之间的联系三个要素组成的。所以将E-R图转换为关系模型实际上就是要将实体、实体的属性和实体之间的联系转换为关系模式，这种转换一般遵循如下原则：

（1）一个实体型转换为一个关系模式。实体的属性就是关系的属性，实体的码就是关系的码。

（2）一个1∶1联系可以转换为一个独立的关系模式，也可以与任意一端对应的关系模式合并。如果转换为一个独立的关系模式，则与该联系相连的各实体的码以及联系本身的属性均转换为关系的属性，每个实体的码均是该关系的候选码。如果与某一端实体对应的关系模式合并，则需要在该关系模式的属性中加入另一个关系模式的码和联系本身的属性。

（3）一个 1∶n联系可以转换为一个独立的关系模式，也可以与n端对应的关系模式合并。如果转换为一个独立的关系模式，则与该联系相连的各实体的码以及联系本身的属性均转换为关系的属性，而关系的码为n端实体的码。

（4）一个m ∶n联系转换为一个关系模式。与该联系相连的各实体的码以及联系本身的属性均转换为关系的属性，而关系的码为各实体码的组合。

（5）三个或三个以上实体间的一个多元联系可以转换为一个关系模式。与该多元联系相连的各实体的码以及联系本身的属性均转换为关系的属性。而关系的码为各实体码的组合。

（6）具有相同码的关系模式可合并。

任务实施

根据E-R图，确定EstateManage数据库的各数据库表（加下画线为主键）：

（1）LoginUser（登录用户名称）：登录名、密码、邮箱、联系电话、创建日期、登录IP地址、登录日期、登录次数、权限级别、备注。

（2）PropertyInfo（物业基本信息）：物业序号、物业名称、负责人、建成日期、联系人、联系固

话、移动电话、占地面积、道路面积、设计车位面积、建筑面积、高层数、车库面积、公共面积、多层数、车位数、绿化面积、位置、备注。

（3）User_property（管理员对应管理的物业）：自动增长序号、用户名、物业编号。

（4）HouseType（房型分类）：类型编号、物业编号、名称、建筑面积、使用面积、每平米缴费。

（5）Facility（物业设施）：设施序号、物业序号、名称、类型、负责人、联系人、电话。

（6）BuildingInfo（楼宇信息）：建筑编号、楼宇号、楼名、单元数、户数、楼层、层高、建成日期。

（7）HouseInfo（房屋信息）：房产证号、房号、建筑编号、物业编号、业主编号、房屋类型。

（8）HouseOwner（业主信息）：姓名、性别、工作单位、身份证号、固话、移动电话、电子邮件、联系人、照片、是否入住、入住日期。

（9）EquipmentInfo（设备信息）：设备编号、名称、所属物业、所属楼宇、规格、数量、厂商、安装日期、维修周期、备注。

（10）EquipmentMaintenance（设备维修）：自动编号、设备编号、维修事由、施工单位、负责人、费用、维修日期。

（11）Userpayment（用户缴费表）：自动增长序号、房产编号、房号、车库编号、缴费日期、到期日、费用额、经办人。

（12）Carbarn（车位表）：车库编号、车库名、物业编号、业主编号、房产类型编号、是否使用、起始日期。

（13）Tenement（住户表）：住户编号、房产编号、业主编号、姓名、性别、工作单位、身份证号、移动电话、照片、入住日期。

小   结

本单元通过"物业管理系统"数据库的设计，学习了如何分析任务需求，并根据任务，结合数据管理的相关理论去实现任务。通过本单元的学习，要掌握：

➢ 数据和信息的基本概念；
➢ 数据库技术的发展；
➢ 数据库系统的组成；
➢ 关系模型；
➢ E-R图。

实   训

某学院图书馆要设计一套图书信息管理系统，这套系统具有以下功能：

（1）用户登录。

（2）根据条件搜索书目信息。

（3）在网上实现在线借阅书籍预订。

（4）个性化服务：修改密码、书刊借阅查询、到期提醒、缴费记录等。

实现以下操作：

（1）分析功能。

（2）使用Visio软件绘制E-R图。

（3）将E-R图转换为表。

习 题

一、选择题

1. SQL Server数据库管理系统是（　　）。

    A. 网状模型　　　　　B. 层次模型　　　　　C. 关系模型　　　　　D. 其他模型

2. 在大学中，学生和老师实体的联系关系是（　　）。

    A. $1:1$　　　　　　　B. $1:n$　　　　　　　C. $n:m$

3. 在教师表和系部表中，教师号和系部编号是主键，在这两张表中，外键是（　　）。

    教师表(教师号, 教师名, 系部号, 职务, 工资)

    系部表(系部号, 系部名, 部门人数, 工资总额)

    A. 教师表中的"教师号"　　　　　　　　B. 教师表中的"系部号"

    C. 系部表中的"系部号"　　　　　　　　D. 系部表中的"系部名"

二、简答题

1. 简述数据库技术的各个发展阶段及其特点。

2. 如何将E-R表转换成数据库中的表？

单元 2
数据库开发环境搭建

本单元将介绍Microsoft SQL Server 2012特点，了解该软件安装的软硬件要求，掌握安装SQL Server 2012的安装过程和配置。同时还要求大家能够掌握Microsoft SQL Server 2012的启动与连接。

学习目标

➢了解Microsoft SQL Server 2012安装环境的软硬件要求；
➢掌握Microsoft SQL Server 2012的安装与配置方法与过程；
➢掌握Microsoft SQL Server 2012启动和与服务器的连接。

具体任务

➢任务1 安装SQL Server 2012
➢任务2 启动和连接SQL Server

任务 1 安装 SQL Server 2012

任务导入

为了完成物业管理系统的设计与开发，我们在前期分析了用户需求，然后在进行系统设计的基础上，选择Microsoft SQL Server作为开发平台，以便进一步完成该系统的后续设计开发。为此我们首先面临的问题就是安装Microsoft SQL Server。本单元详细学习Microsoft SQL Server 2012的安装。

任务分析

为了完成Microsoft SQL Server 2012的安装，首先要获得该平台的安装软件，然后了解该平台软件对计算机软硬件的要求。完成这些后，就可以在计算机中安装Microsoft SQL Server 2012平台。安装部署完成后，还需要掌握Microsoft SQL Server 2012的启动以及如何与服务器连接。

知识技能准备

一、SQL Server 2012 概述

　　SQL Server是由Microsoft公司开发和推广的关系数据库管理系统（DBMS），它最初是由Microsoft、Sybase和Ashton-Tate三家公司共同开发的，并于1988年推出了第一个OS/2版本。Microsoft SQL Server近年来不断更新版本，1996年，Microsoft公司推出了SQL Server 6.5版本；1998年，SQL Server 7.0版本和用户见面；SQL Server 2000是Microsoft公司于2000年推出的，2012年3月推出了SQL Server 2012，2017年推出SQL Server 2017。本书中以SQL Server 2012为例进行介绍。

　　SQL Server 2012不仅有数据平台的强大能力，全面支持云技术与平台，能快速构建相应的解决方案以实现私有云与公有云之间数据的扩展及迁移。在业界领先的商业智能领域，SQL Server 2012提供了更多更全面的功能以满足不同人群对数据以及信息的需求，包括支持来自于不同网络环境数据的交互，全面的自助分析等创新功能。SQL Server 2012提供从数TB到数百TB全面端到端大数据以及数据仓库的解决方案。SQL Server 2012包含企业版（Enterprise）、标准版（Standard），新增了商业智能版（Business Intelligence）。SQL Server 2012发布时还包括Web版、开发者版本以及精简版。表2-1简单介绍了SQL Server 2012各个版本的功能。

表2-1　SQL Server 2012 版本及功能介绍

SQL Server 2012 版本	功　能　简　介
Enterprise	作为高级版本，SQL Server Enterprise 版提供了全面的高端数据中心功能，性能极为快捷、虚拟化不受限制，还具有端到端的商业智能，可为关键任务工作负荷提供较高服务级别，支持最终用户访问深层数据
Standard	SQL Server Standard 版提供了基本数据管理和商业智能数据库，使部门和小型组织能够顺利运行其应用程序并支持将常用开发工具用于内部部署和云部署，有助于以最少的 IT 资源获得高效的数据库管理
Web	对于为从小规模至大规模 Web 资产提供可伸缩性、经济性和可管理性功能的 Web 宿主和 Web VAP 来说，SQL Server Web 版本是一项总拥有成本较低的选择
开发人员	SQL Server Developer 版支持开发人员基于 SQL Server 构建任意类型的应用程序。它包括 Enterprise 版的所有功能，但有许可限制，只能用作开发和测试系统，而不能用作生产服务器。SQL Server Developer 是构建 SQL Server 和测试应用程序的人员的理想选择
Express 版本	Express 版本是入门级的免费数据库，是学习和构建桌面及小型服务器数据驱动应用程序的理想选择。它是独立软件供应商、开发人员和热衷于构建客户端应用程序的人员的最佳选择。如果用户需要使用更高级的数据库功能，则可以将 SQL Server Express 无缝升级到其他更高端的 SQL Server 版本。可以充当客户端数据库以及基本服务器数据库

二、安装 SQL Server 2012 的硬件和软件要求

1. 硬件要求

安装SQL Server 2012的硬件要求见表2-2所示。

表 2-2　安装 SQL Server 2012 的硬件要求

组　　件	要　　　求
内存	最小值：Express 版本：512 MB 　　　　所有其他版本：1 GB 建议：Express 版本：1 GB 　　　　所有其他版本：至少 4 GB 并且应该随着数据库大小的增加而增加，以便确保最佳的性能
处理器速度	最小值： x86 处理器：1.0 GHz x64 处理器：1.4 GHz 建议：2.0 GHz 或更快
处理器类型	x64 处理器：AMD Opteron、AMD Athlon 64、支持 Intel EM64T 的 Intel Xeon、支持 EM64T 的 Intel P4 x86 处理器：Pentium III 兼容处理器或更快
操作系统	Windows Server 2008 R2、Windows Server 2008 Service Pack、Windows Server 2012 R2、Windows Vista SP2、Windows 7（仅对 Standard 、Developer 和 Express 版本）
硬盘	SQL Server 2012 要求最少 6 GB 的可用硬盘空间。磁盘空间要求将随所安装的 SQL Server 2012 组件不同而发生变化

2. 软件要求

安装SQL Server 2012需要以下软件组件：

➢ SQL Server Native Client。

➢ SQL Server 安装程序支持文件。

在运行安装程序安装或升级到 SQL Server 2012 之前，请首先安装下列必备软件以缩短安装时间。

➢ .NET Framework：.Net 4.0 Framework 4.0是SQL Server 2012所必需的。

➢ Windows PowerShell：SQL Server 2012不安装或启用Windows PowerShell 2.0；但对于数据库引擎组件和SQL Server Management Studio而言，Windows PowerShell 2.0是一个安装必备组件。

 任务实施

安装 SQL Server 2012

现在以SQL Server 2012 Developer Edition为例介绍SQL Server 2012的安装。

首先找到下载好的安装包，并且保持网络畅通。解压SQL Server 2012安装包，双击setup.exe，如图2-1所示。出现图2-2所示提示（在安装过程中，会多次出现该提示，只需要耐心等待即可）。

名称	大小	类型	修改日期 ▲
resources		文件夹	2012-2-15 2:49
StreamInsight		文件夹	2012-2-15 2:49
Tools		文件夹	2012-2-15 2:49
2052_CHS_LP		文件夹	2012-2-15 2:49
redist		文件夹	2012-2-15 2:49
x64		文件夹	2012-2-15 2:51
x86		文件夹	2012-2-15 2:51
setup.exe.config	1 KB	XML Configuration File	2012-2-11 8:29
autorun.inf	1 KB	安装信息	2012-2-11 9:29
sqmapi.dll	147 KB	应用程序扩展	2012-2-12 2:00
setup.exe	197 KB	应用程序	2012-2-12 2:14
MediaInfo.xml	1 KB	XML 文档	2012-2-12 14:40

图 2-1 双击"setup.exe"开始启动 SQL Server 2012 安装

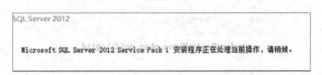

图 2-2 开始安装 SQL Server 2012

在安装SQL Server之前需要检查计算机配置。单击"系统配置检查器"进行检查，如图2-3所示。

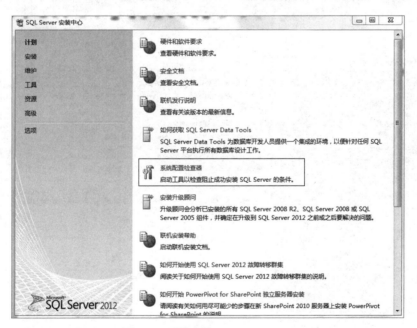

图 2-3 开始安装 SQL Server 2012

"系统配置检查器"进行检查，显示"安装程序支持规则"界面，出现"已通过"的提示则可以进行安装，如图2-4所示。

单击"确定"按钮后需要找到安装界面，单击"安装"按钮进入"SQL Server安装中心"，出现选择安装方式向导，选择"全新SQL Server独立安装或向现有安装添加功能"安装方式，如图2-5所示。

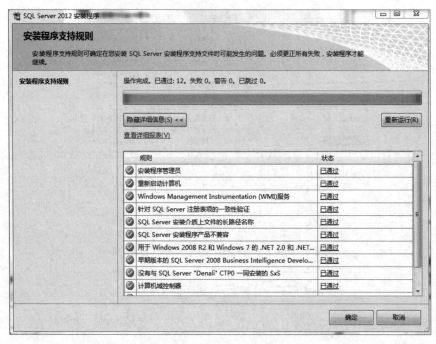

图 2-4　检查显示安装程序支持规则

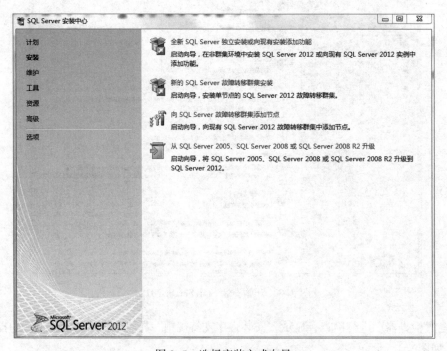

图 2-5　选择安装方式向导

等待计算机运行，当出现"已通过"时为全部通过，如图2-6所示。

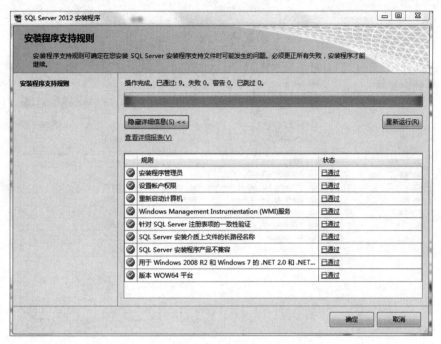

图 2-6　系统自动检测安装环境是否通过

单击"确定"按钮后弹出"产品更新"界面，如图2-7所示。

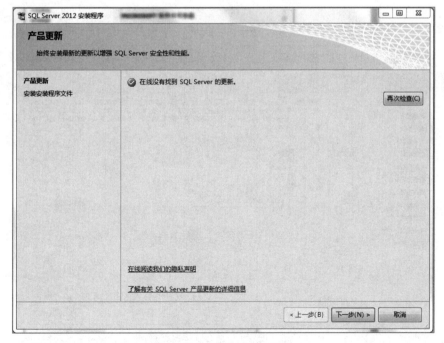

图 2-7　"产品更新"界面

单击"下一步"按钮，进入"安装程序支持规则"界面，如图2-8所示。

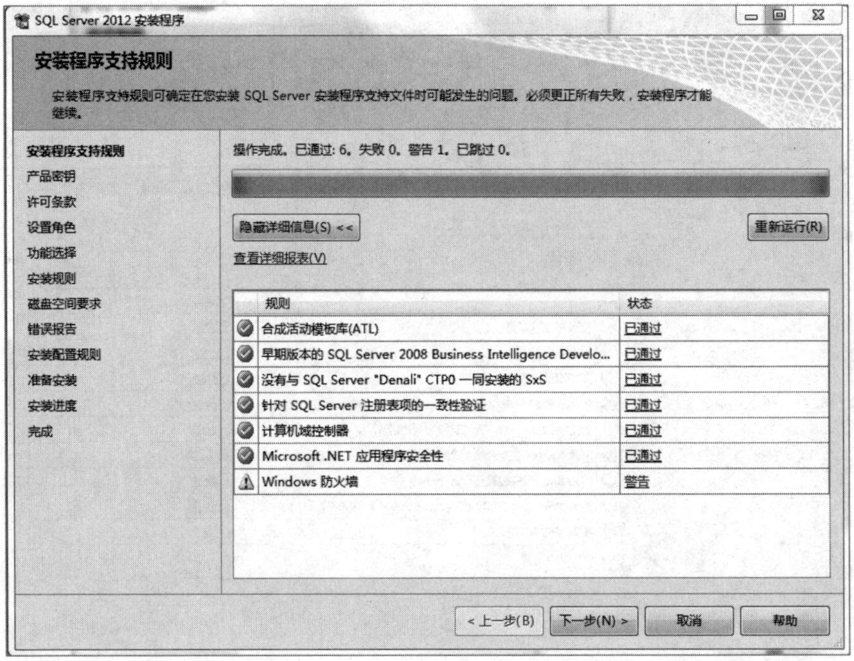

图 2-8 "安装程序支持规则"界面

单击"下一步"按钮,进入"产品密钥"界面,输入产品密钥,如图2-9所示(这里的密钥仅供参考)。

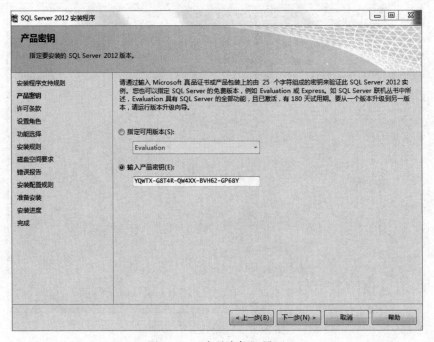

图 2-9 "产品密钥"界面

单击"下一步"按钮，进入"许可条款"界面，选中"我接受许可条款"复选框，如图2-10所示。

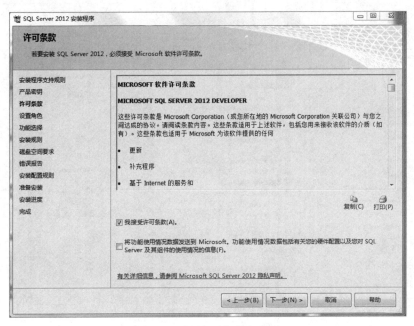

图 2-10　"许可条款"界面

单击"下一步"按钮，进入"设置角色"界面，选中"SQL Server功能安装"单选按钮，如图2-11所示。

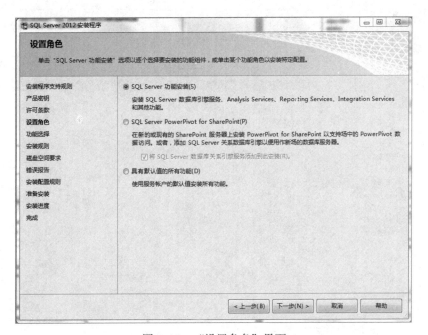

图 2-11　"设置角色"界面

单击"下一步"按钮进入"功能选择"界面，单击"全选"按钮，如图2-12所示。

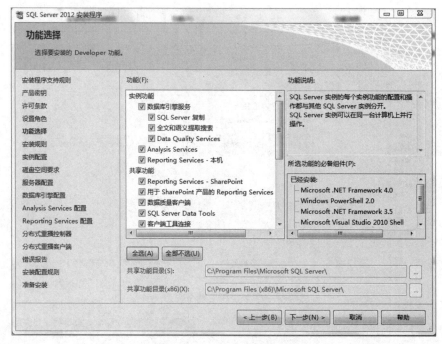

图 2-12　"功能选择"界面

单击"下一步"按钮，进入"安装规则"界面，如图2-13所示，等待安装进度到完成。

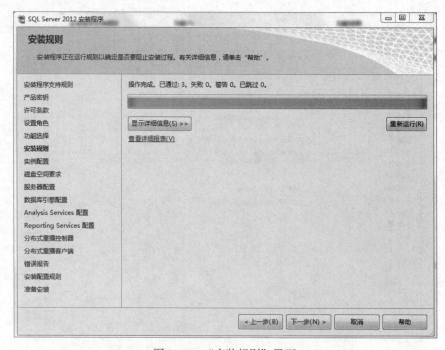

图 2-13　"安装规则"界面

单击"下一步"按钮，进入"实例配置"界面，如图2-14所示，选择"默认实例"单选按钮。

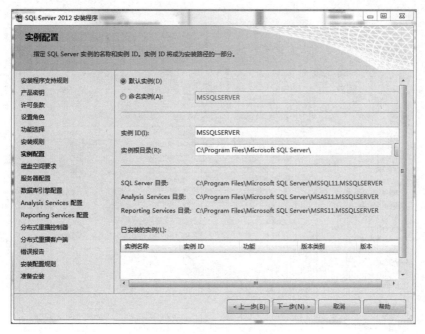

图2-14 "实例配置"界面

单击"下一步"按钮，进入"磁盘空间要求"界面，查看所选择的SQL Server功能所需要的磁盘空间需求和计算机相应磁盘的实际空间，如图2-15所示。

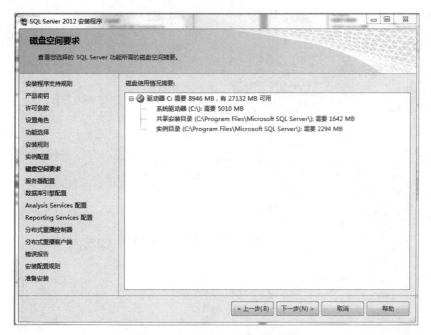

图2-15 "磁盘空间需求"界面

单击"下一步"按钮，进入"服务器配置"界面，配置每类服务器的账户、密码和启动类型，如图2-16所示。

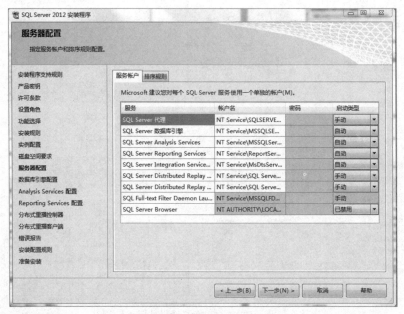

图 2-16　"服务器配置"界面

单击"下一步"按钮，进入"数据库引擎配置"界面，指定数据库身份验证安全模式、管理员和数据目录，这里选择"混合模式"单选按钮，即采用SQL Server身份验证和Windows身份验证，设置系统管理员（sa）密码，单击"添加当前用户"按钮，如图2-17所示。

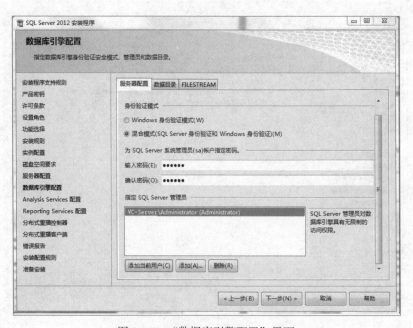

图 2-17　"数据库引擎配置"界面

单击"下一步"按钮，进入"Analysis Services配置"界面，选择添加当前用户获取管理员权限，单击"添加当前用户"按钮，如图2-18所示。

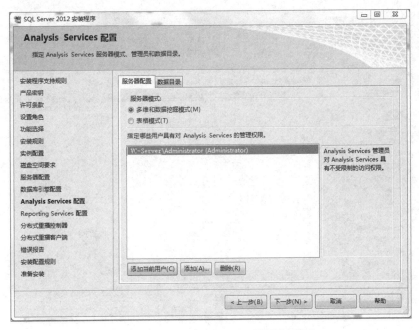

图 2-18　"Analysis Services 配置"界面

单击"下一步"按钮，进入"Reporting Services配置"界面，选择"安装和配置"单选按钮，如图2-19所示。

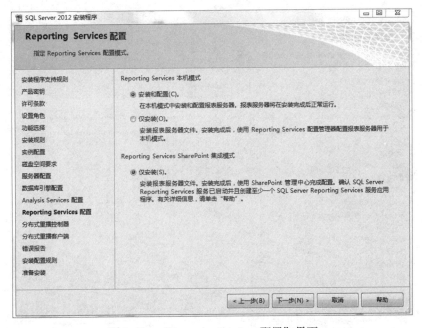

图 2-19　"Reporting Services 配置"界面

单击"下一步"按钮，进入"分布式重播控制器"界面，单击"添加当前用户"按钮，如图2-20所示。

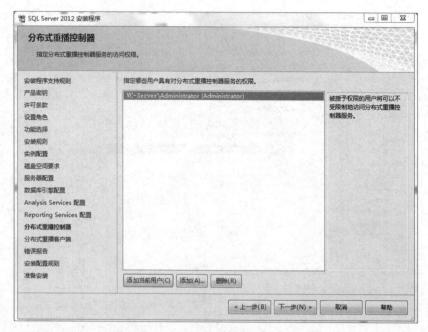

图 2-20　"分布式重播控制器"界面

单击"下一步"按钮，进入"分布式重播客户端"界面，安装目录和结果目录保持默认值即可，如图2-21所示。

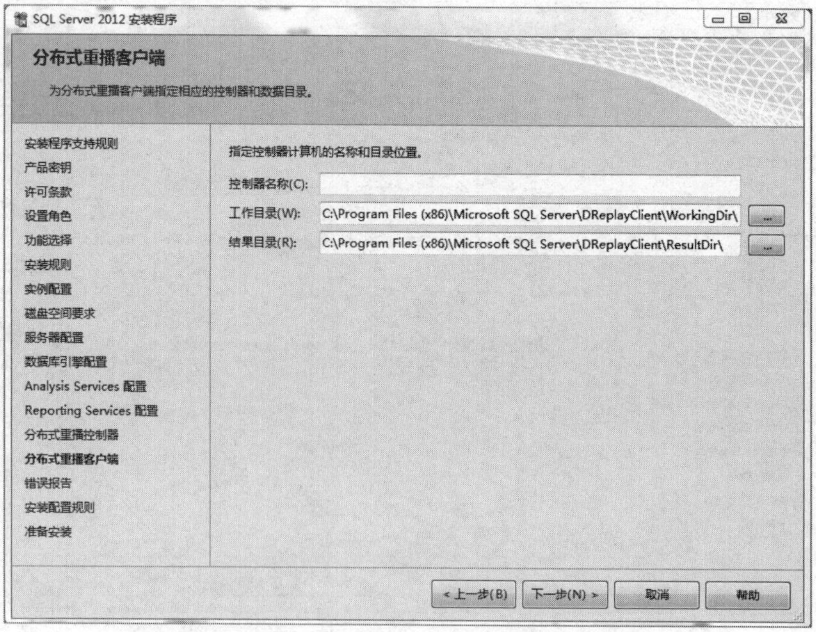

图 2-21　"分布式重播客户端"界面

单击"下一步"按钮，进入"错误报告"界面，设置Windows和SQL错误报告是否发送至
Microsoft，此处不选中相应复选框，如图2-22所示。

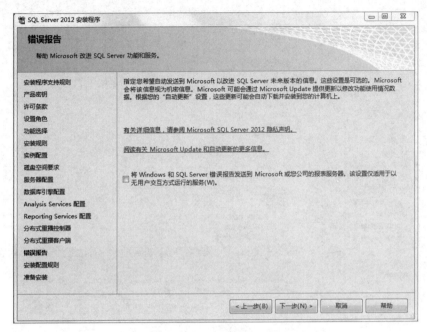

图 2-22　"错误报告"界面

单击"下一步"按钮，进入"安装配置规则"界面，全部通过，单击"下一步"按钮，如
图2-23所示。

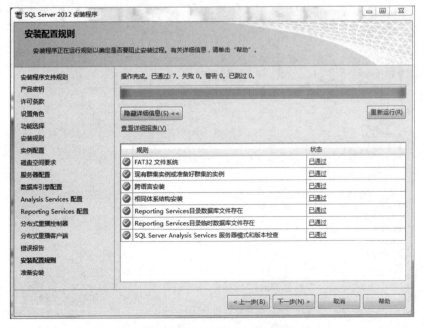

图 2-23　最后一次检测安装配置规则

单击"下一步"按钮,进入"准备安装"界面,这里展示要安装的功能详情以及配置文件路径,如图2-24所示。

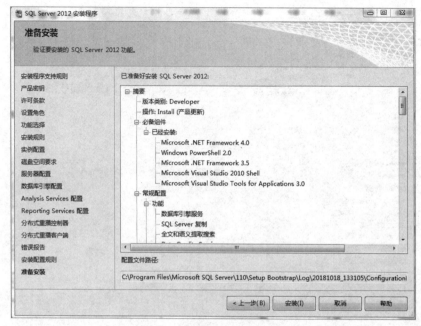

图2-24 "准备安装"界面

等待安装(视机器配置而定),如图2-25所示,直到安装进度达到100%。SQL Server 2012就成功安装到计算机中了,如图2-26所示。

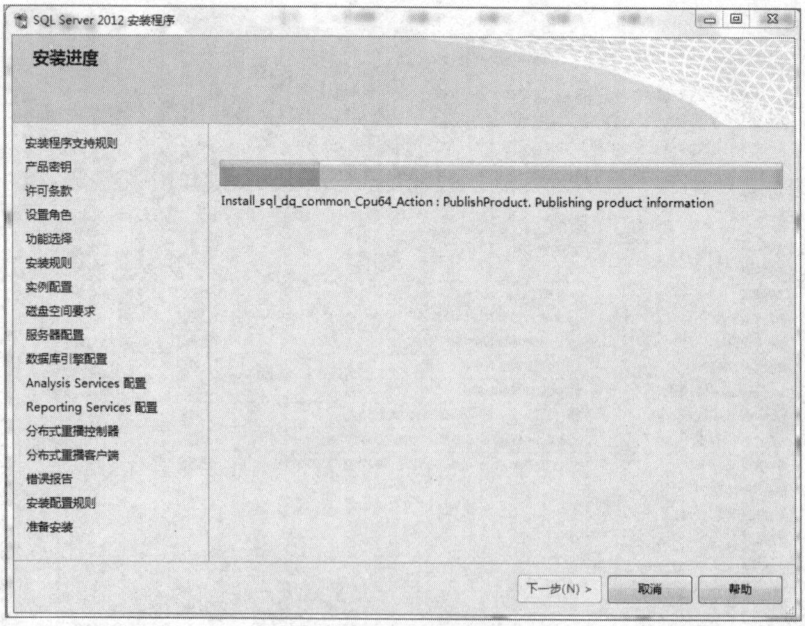

图2-25 SQL Server 2012 进度

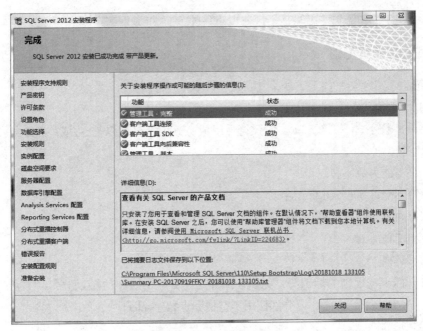

图 2-26 SQL Server 2012 安装完成

任务 2 启动和连接 SQL Server

任务导入

选择Microsoft SQL Server作为开发平台完成物业管理系统的设计与开发，在任务一中安装部署了Microsoft SQL Serve 2012。安装部署完成后，还应当掌握Microsoft SQL Server 2012的启动以及如何与服务器连接。

知识技能准备

一、T-SQL 命令

SQL Server用于操作数据库的编程语言为Transaction-SQL，简称T-SQL。T-SQL与PL/SQL不同，并没有固定的程序结构。

T-SQL包括以下4个部分：

DDL：定义和管理数据库及其对象，如create、alter和drop等。

DML：实现对数据库表对象的操作，如insert、update等。

DCL：数据控制语言，实现对数据库进行安全管理和权限管理等控制，如grant、revoke、deny等。

附加的语言元素：T-SQL的附加语言元素包括变量、运算符、函数、注释和流程控制语句等。

在T-SQL中，命令和语句的书写是不区分大小写的。

二、T-SQL 编程基础

1. 标识符

1）T-SQL规则标识符

（1）由字母、数字、下画线、@、#、$符号组成，其中字母可以是a~z或A~Z，也可以是来自其他语言的字母字符。

（2）首字符不能为数字和$。

（3）标识符不允许是T-SQL保留字。

（4）标识符内不允许有空格和特殊字符。

（5）长度小于128。

2）界定标识符

对于不符合标识符规则的标识符，则要使用界定符方括号（[]）或双引号（""）将标识符括起来。如标识符[My Table]、"select"内分别使用了空格和保留字select。

2. 数据类型

在SQL Server中提供了多种系统数据类型。除了系统数据类型外，还可以自定义数据类型。

1）系统数据类型

（1）精确数字数据类型：int、bigint、smallint、tinyint、decimal/numeric。

（2）近似数字数据类型：float、real。

（3）货币数据类型：money、smallmoney。

（4）字符数据类型：char、nchar、varchar、nvarchar。

（5）日期和时间数据类型：date、time、datetime、datetime2；smalldatetime。

（6）二进制数据类型：binary、varbinary。

（7）专用数据类型：bit、uniqueidentifier。

2）程序中的数据类型

（1）cursor：数据能够以驻留内存的状态进行存储。

（2）table：该数据类型用于存储行和列的数据，但不能在数据上创建索引。此时，系统可以"一次处理一个数据集"的数据，就像处理一个标准的表那样。

（3）sql_varint：可以根据存储的数据改变数据类型，即用来存储一些不同类型的数据类型。不过不推荐使用这种数据类型。

3. 表达式

表达式常指由常量、变量、函数等通过运算符按一定规则连接起来的有意义的式子。

任务实施

一、SQL Server 的启动

SQL Server 2012的启动方式有三种，下面分别介绍。

1. 使用SQL Server的配置管理器

选择"开始"→"所有程序"→"Microsoft SQL Server 2012"→"SQL Server 配置工具"命令（见图2-27），打开"SQL Server 配置管理器"，如图2-28所示。

视　频

右击"SQL Server服务"选项，在弹出的快捷键菜单中选择"启动"命令（见图2-29），则开始启动SQL Server服务，如图2-30所示。

图 2-27　SQL Server 配置管理器启动

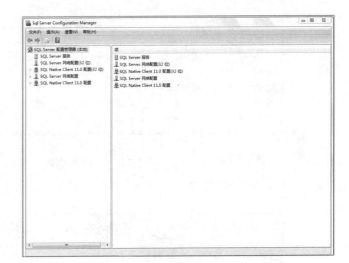

图 2-28　SQL Server 配置管理器

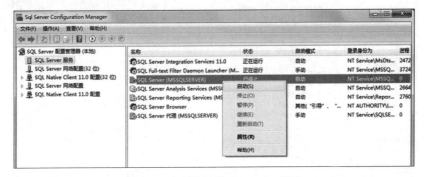

图 2-29　选择启动 SQL Server 服务

图 2-30　SQL Server 服务启动中

2. 使用操作系统的服务管理器

选择"开始"→"控制面板"命令，打开"控制面板"窗口，单击"管理工具"图标，如图2-31所示。

图 2-31　"控制面板"窗口

打开"管理工具"窗口，双击"服务"图标，如图2-32所示。

图 2-32　"管理工具"窗口

右击"SQL Server（MSSQLSERVER）"服务，在弹出的快捷菜单中选择"启动"命令，如图2-33所示。

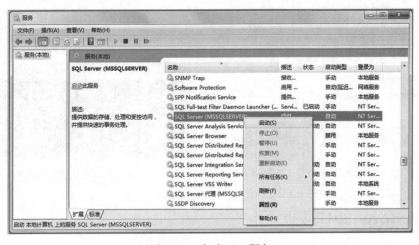

图 2-33　启动 SQL 服务

3. SQL Server 服务命令启动

选择"开始"→"运行"命令（见图2-34），弹出"运行"对话框。

启动：在"打开"文本框中输入"net start mssqlserver"命令（见图2-35），单击"确定"按钮，出现SQL Server服务启动窗口，如图2-36所示。

停止：在"打开"文本框中输入"net stop mssqlserver"命令（见图2-37），单击"确定"按钮，出现SQL Server 服务停止窗口，如图2-38所示。

图2-34　开始_运行

图2-35　输入启动命令

图2-36　正在启动SQL

图 2-37　输入停止命令

图 2-38　正在停止 SQL Sever 2012

二、SQL Sever 2012 连接

1. Windows身份登录SQL服务器

（1）选择"开始"→"Microsoft SQL Server 2012"→"SQL Server Management studio"命令（见图2-39），弹出"连接到服务器"对话框，选择Windows身份验证，单击"连接"按钮（见图2-40），进入到SQL Server服务管理器界面，如图2-41所示。

图 2-39　启动 SQL

图 2-40　"连接到服务器"对话框

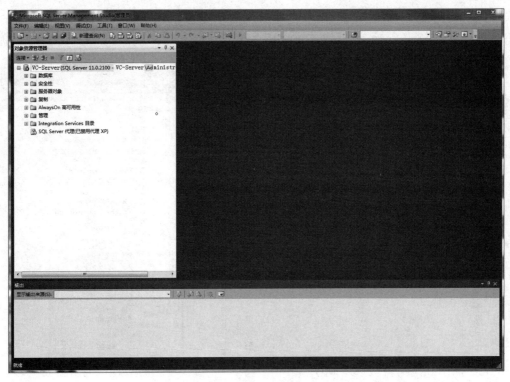

图 2-41　SQL 管理器界面

（2）右击服务器，在弹出的快捷菜单中选择"属性"命令，如图2-42所示。

（3）打开"服务器属性"窗口，在"安全性"选择页中选中右侧的"SQL Server和Windows身份验证模式"单选按钮，以启用混合登录模式，如图2-43所示。

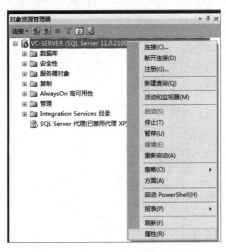

图 2-42　SQL Server 服务器属性

图 2-43　SQL 服务器属性

（4）选择"连接"选择页，选中"允许远程连接到此服务器"复选框，单击"确定"按钮，如图2-44所示。

（5）展开图2-42 "对象资源管理器" → "安全性" → "登录名" 选项，右击sa，在弹出的快捷菜单中选择 "属性" 命令，如图2-45所示，打开 "登录属性" 窗口，开始设置密码，如图2-46所示。

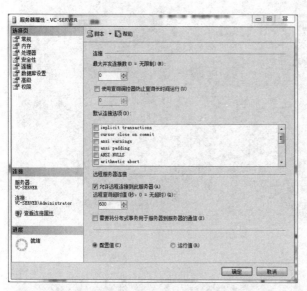

图 2-44　SQL 服务器 "连接" 属性

图 2-45　SQL 服务器 sa 属性菜单

（6）右击资源管理器服务器，在弹出的快捷菜单中选择 "方面" 命令，在 "方面" 下拉列表框中选择 "服务器配置" 选项，查看RemoteAccessEnabled是否为True，如图2-47所示。

图 2-46　设置登录属性

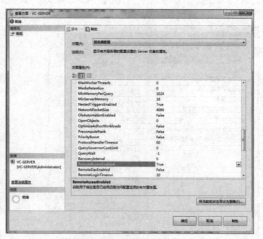

图 2-47　SQL 服务器方面属性

（7）在sa属性中选择 "状态" 选择页，查看sa的状态，如图2-48所示。

（8）如果是禁用状态的话（见图2-49），会发生sa账户登录不进去的问题，此时用sa方式登录会提示错误：无法连接到vc-Server，如图2-50所示。

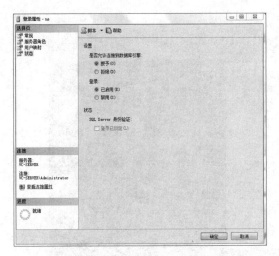

图 2-48 SQL 服务器 sa 状态属性   图 2-49 登录禁用

图 2-50 sa 登录 SQL 服务器（禁用时登录提示）

2．sa身份登录SQL服务器

（1）以sa方式登录（见图2-51），说明sa账户存在。

图 2-51 sa 登录 SQL 服务器

（2）登录界面中显示当前登录用户为sa，如图2-52所示。

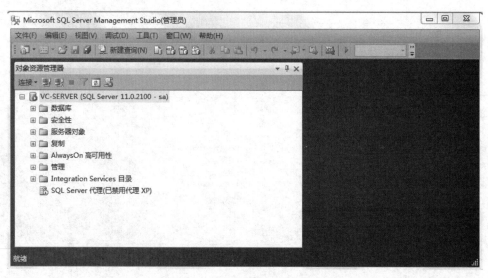

图 2-52 sa 身份登录 SQL Server

【延伸阅读】SQL Sever网络配置

SQL Server 配置管理器（简称配置管理器）包含了 SQL Server 2012服务、SQL Server 2012网络配置和SQL Native Client配置3个工具，以便供数据库管理人员对服务器进行启动、停止与监控，配置服务器端支持的网络协议，以及用户访问SQL Server网络相关设置等。

三、SQL Server 配置管理器启动

选择"开始"→"Microsoft SQL Server 2012"→"配置工具"→"SQL Server配置管理器"命令，打开SQL Server 配置管理器，如图2-53所示。

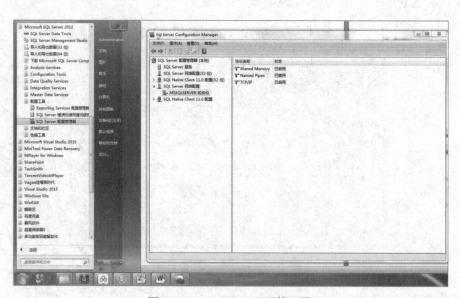

图 2-53 SQL Server 配置管理器

SQL Server 配置管理器也可以通过"计算机管理"窗口打开，如图2-54所示。展开"计算机管理"→"服务和应用程序"→"服务"选项，可以设置SQL Server（MSSQLSERVER）服务的启动类型，选项有"自动""手动""禁用"，用户可根据需要进行更改，如图2-55所示。

图 2-54　"计算机管理"窗口　　　　　图 2-55　MSSQLSERVER 启动类型设置

四、网络配置

SQL Server 2012能使用多种协议，包括Shared Memory、Named Pipes、TCP/IP和VIA。这些协议都有服务器和客户端的独立配置。通过SQL Server网络配置管理器可为每个服务器实例独立地进行网络配置。

在"SQL Server配置管理器"窗口中，单击左侧的"SQL Server 网络配置"节点，在窗口右侧显示出SQL Server 服务器中所使用的协议，如图2-56所示。右击某个协议名称，在弹出的快捷菜单中选择"属性"命令，在弹出的对话框中设置启用或者禁用操作。

1）设置Shared Memory协议属性

Shared Memory协议：Shared Memory协议仅用于本地连接，如果该协议被启用，任何本地客户都可以使用此协议连接服务器。如果不希望本地客户使用Shared Memory协议，则可以禁用。

右击图2-56所示窗口右侧所列的Shared Memory协议，在弹出的快捷菜单中选择"属性"命令，弹出"Shared Memory属性"对话框，如图2-57所示，在其中可设置启用或者禁用该协议。

2）设置Name Pipes协议属性

Name Pipes协议：Name Pipes协议主要用于Windows 2008以前版本操作系统的本地连接以及远程连接。

右击图2-56所示窗口右侧所列的Name Pipes协议，在弹出的快捷菜单中选择"属性"命令，弹出"Name Pipes属性"对话框，如图2-58所示，在其中可设置启用或者禁用该协议。

3）设置TCP/IP协议属性

TCP/IP协议：TCP/IP协议是通过本地或远程连接到SQL Server的首选协议。使用TCP/IP协议时，SQL Server在指定的TCP端口和IP地址侦听已响应它的请求。

右击图2-56所示窗口右侧所列的TCP/IP协议，在弹出的快捷菜单中选择"属性"命令，弹出

"TCP/IP属性"对话框，如图2-59所示，在其中可设置启用或者禁用该协议。

图 2-56　MSSQLSERVER 属性

图 2-57　设置 Shared Memory 协议属性

图 2-58　设置 Name Pipes 协议属性

图 2-59　设置 TCP/IP 协议属性

4）本地客户端协议配置

通过SQL Native Client（本地客户端协议）配置可以启用或禁用客户端应用程序使用的协议。

查看客户端协议配置情况的方法是，在图2-56所示窗口中展开"SQL Native Client配置"节点，在进入的信息窗口中显示了协议的名称以及客户端尝试连接到服务器时尝试使用的协议顺序，用户还可以查看协议是否已启用或已禁用并获得有关协议文件的详细信息，如图2-60所示。

默认情况下Share Memory协议首选本地连接协议。若要改变协议顺序可右击协议，在弹出的快捷菜单中选择"顺序"命令，弹出"客户端协议属性"对话框，在其中进行设置，从"启动的协议"列表框中选择一个协议，然后通过右侧的两个按钮来调整协议向上或向下移动，如图2-61所示。

图 2-60　本地客户端 TCP/IP 协议属性　　　　图 2-61　客户端协议顺序设置

小　结

本任务主要介绍了 SQL Server 2012 的安装和配置，要求读者了解并掌握 SQL Server 2012 的安装过程；掌握 SQL Sever 配置管理器的参数设置和 SQL Server 2012 的启动。

实　训

启动 SQL Server Management Studio，查看其窗口组成，同时熟悉其数据库对象。

习　题

一、填空题

1. SQL Server 登录服务器的验证模式有_____和_____。

2. SQL Server 登录连接服务器的 SQL Server 身份验证的默认登录名为_____。

3. 2012 年，SQL Server 2012 发布时包含的版本有_____、_____、_____、_____、_____以及_____。

二、简答题

1. 在数据库系统（DBS）中，SQL Server 2012 属于什么软件？

2. 在不安装或启用 Windows PowerShell 2.0 的前提下，安装或升级到 SQL Server 2012 之前，必备软件有哪些？

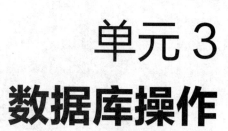

单元 3
数据库操作

在完成Microsoft SQL Server 2012安装后，我们已经掌握了该软件的启动与连接，现在要在此平台上创建物业管理系统的数据库，为了更好地使用Microsoft SQL Server 2012，同时考虑到我们有时会将数据库在其他计算机上使用，还将涉及数据库的分离与附加，为了数据保密和安全，有时甚至需要删除数据库。

本单元将介绍SQL Server 2012的系统数据库以及如何进行数据库基本操作，包括创建数据库、分离和附加数据库、删除数据库的操作方式，还将介绍利用T-SQL语句完成这些操作的命令以及使用方法，并以创建物业管理系统数据库EstateManage为例完成这些内容的学习和操作。

学习目标

➤了解SQL Server 2012系统数据库；
➤理解创建数据库、分离和附加数据库、删除数据库的概念；
➤掌握创建数据库、分离和附加数据库、删除数据库的菜单操作方式；
➤掌握创建数据库、分离和附加数据库、删除数据库的T-SQL命令；
➤掌握物业管理系统数据库EstateManage的构成。

具体任务

➤任务1　创建数据库（菜单方式和T-SQL命令）
➤任务2　分离和附加数据库（菜单方式和T-SQL命令）
➤拓展任务　数据库的其他相关操作（菜单方式和T-SQL命令）

任务 1　创建数据库

 任务导入

完成Microsoft SQL Server 2012安装后，在此平台上创建物业管理系统数据库EstateManage，以便

在此数据库中创建数据库其他对象来保存和使用数据。具体按菜单方式和T-SQL命令两种方式介绍数据库的创建。

视 频

 **任务分析**

启动SQL Server 2012后连接到服务器，然后在对象资源管理器中分别用菜单方式和T-SQL命令方式在不同位置创建物业管理系统的数据库EstateManage。

知识技能准备

一、关系数据库相关概念

1. 数据库概述

现有的所有数据库都是基于某种数据模型的，数据模型是数据库系统的核心和基础。

数据模型：将现实生活中的概念用数据模型进行抽象、表示、处理。通俗地讲，数据模型就是现实世界的模拟。数据模型分为两类：第一类是概念模型；第二类是逻辑模型和物理模型。

概念模型：主要是按照用户的观点对数据和信息建模，主要用于数据库设计。

逻辑模型：主要包括层次模型、网状模型、关系模型、面向对象数据模型等，主要用于数据库管理系统（DBMS）的实现，DBMS和操作系统等是计算机的系统软件。

说明：采用层次模型和网状模型的数据库分别称为层次数据库、网状数据库。由于其本身的缺陷，已经逐渐被市场淘汰。

层次数据库就像是一个二叉树，所以每个数据都有从根节点出发而来的路径信息，所以检索性能高，但一对多的关系并不能满足现实世界中的需要，且插入、删除、查询操作比较复杂。

网状数据库虽然可以直接描述现实世界，但是结构比较复杂，应用程序编写麻烦。

现在广泛应用的是关系数据库，关系数据库就是采用关系模型作为数据结构的数据库。SQL Server就是一个关系数据库。

关系模型：从用户的观点看，关系模型是由一组关系组成的。而每个关系的数据结构是一张规范化的二维表。

注意：关系模型要求关系必须是规范化的，即要求关系必须满足一定的规范条件，其中最基本的一条是"关系元组中每一个属性值必须是一个不可分的数据项"，即不允许表中还有表。

关系型数据库：数据库就是一个数据集合，它存储在硬盘上（也可能是内存中），这些最底层的数据最终是要被数据库管理系统（DBMS）操作的，而数据库管理系统中存在某种数据模型对所有底层的数据进行建模，如果使用关系模型，该数据库即是关系型数据库。

2. 关系模型中的一些基本概念

关系：一个关系对应通常说的一张二维表，如住户登记表，其中包含业主编号、姓名、性别、年龄、工作单位、身份证号、移动电话等。

关系模式：对应关系的描述，一般表示为：关系名（属性1，属性2）。例如，住户关系可以描述为：住户（业主编号，姓名，性别，年龄，工作单位，身份证号，移动电话）。

实体：客观存在的事物或者是抽象事件（如一套住宅、一位业主等）。

实体型：所有实体所具有共同的类型特征，例如，一个住户（姓名，身份证号，性别，年龄）。

实体值：每个实体所具有相同属性对应值的集合。

实体集：实体型与实体共同的集合。

元组：表中的一行即为一个元组。例如，住户表中某位业主的信息（表中占一行）

属性（property）：属性又称字段，是实体所具有固定的特征，即数据的描述。例如，住户（姓名，身份证号，性别，年龄）等。

关系数据库中某张表（数据库表）中的一列即为一个属性，给每个属性起个名称即属性名，如住户表对应七个属性（业主编号，姓名，性别，年龄，工作单位，身份证号，移动电话）。

属性值：属性中对应的值（又称字段值），如住户的"性别"属性，其属性值可以是"男"或"女"。

码：又称码键。如果在一个关系中存在唯一标识一个实体的一个属性或属性集称为实体的键，即使得在该关系的任何一个关系中的两个元组，在该属性（或属性组合）上的值组合都不同。即二维表中的某个属性或属性组合，它可唯一确定一个元组，即称其为本关系的码。例如，居民身份证或者学生的学号。

事务：处理一系列相关事件的过程以及执行的动作。

二、SQL Server 必备系统数据库

SQL Server安装完成后，系统自动生成四个必备的系统数据库，它们分别是Master、Model、Msdb和Tempdb。

1. Master数据库

Master数据库，即主数据库，主要用于进行存储其他数据库信息。Master数据库记录SQL Server系统的所有系统级别信息（表sysobjects）。它记录所有的登录账号（表sysusers）、系统配置和所有其他数据库（表sysdatabases），包括数据库文件的位置、SQL Server的初始化信息，它始终指向一个可用的最新Master数据库备份。

2. Model数据库

Model数据库，即模板数据库，用于直接创建数据库时作为模板，所有数据库属性值都参照于当前模板。当系统收到创建数据库命令（Create Database）时，新创建数据库的第一部分内容是从Model数据库复制过来的，剩余部分由空页填充，所以SQL Server数据库中必须有Model数据库。

3. Msdb数据库

Msdb数据库，即备份与配置数据库，所有数据库的配置信息都存储在该数据中。Msdb数据库供SQL Server代理程序调度警报和作业以及记录操作时使用。例如，我们备份了一个数据库，会在表backupfile中插入一条记录，以记录相关的备份信息。

4. Tempdb数据库

Tempdb数据库，即临时数据库，在数据应用过程中所产生的临时数据将存入临时数据库中。Tempdb数据库保存系统运行过程中产生的临时表和存储过程。当然，它还满足其他临时存储要求，

比如保存SQL Server生成的存储表等。Tempdb数据库是一个全局资源，任何连接到系统的用户都可以在该数据中产生临时表和存储过程。

　　Tempdb数据库在每次SQL Server启动时，都会清空该数据库中的内容，所以每次启动SQL Server后，该表都是空的。临时表和存储过程在连接断开后会自动除去，而且当系统关闭后不会有任何活动连接，因此，Tempdb数据库中没有任何内容会从SQL Server的一个会话保存到另一个会话中。

　　默认情况下，在SQL Server在运行时Tempdb数据库会根据需要自动增长。不过，与其他数据库不同，每次启动数据库引擎时，它会重置为初始大小。如果为Tempdb数据库定义的大小较小，则每次重新启动SQL Server时，将Tempdb数据库的大小自动增加到支持工作负荷所需的大小，这一工作可能会成为系统处理负荷的一部分。为避免这种开销，可使用Alter Database命令增加Tempdb数据库大小。

三、SQL Server 主要文件类型

　　在SQL Server中，数据库主要文件有主数据文件、次数据文件和日志文件三类。在一个数据库中主数据文件（扩展名为.mdf），必须有且只有一个主数据文件，默认值大小为3 MB；日志文件（扩展名为.ldf），至少存在一个；次数据文件（扩展名为.ndf）可有可无。

创建数据库

　　在SQL Server中创建数据库有两种方式，一种是利用SSMS（SQL Server管理工具）的菜单方式，另一种是利用T–SQL语句。

1. 利用菜单方式创建数据库

（1）展开SQL Server对象资源管理器，右击"数据库"，在弹出的快捷菜单中选择"新建数据库"命令，如图3-1所示。

图 3-1　选择"新建数据库"命令

（2）在弹出的"新建数据库"对话框中输入数据库名称（如EstateManage），如图3-2所示。

（3）设置好数据库两个文件的存放路径，如图3-3所示。

图 3-2　"新建数据库"对话框

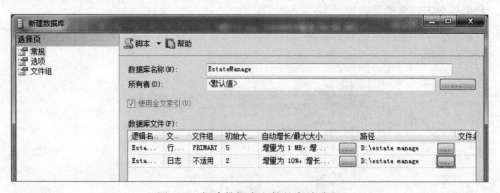

图 3-3　新建数据库文件的存放路径

（4）刷新对象资源管理器，即可看到刚才新建的数据库，如图3-4所示。

（5）展开新建的数据库，右击"表"选项，在弹出的快捷菜单中选择"新建表"命令，如图3-5所示。

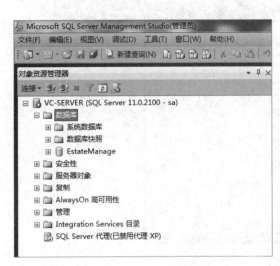

图 3-4　刷新对象资源管理器

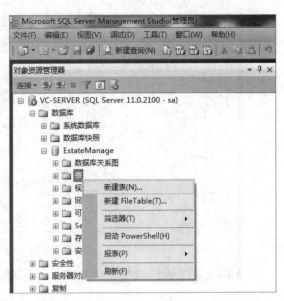

图 3-5　选择"新建表"命令

（6）分别编辑好数据库字段列名和表名（见图3-6）；然后保存为loginuser，如图3-7所示。

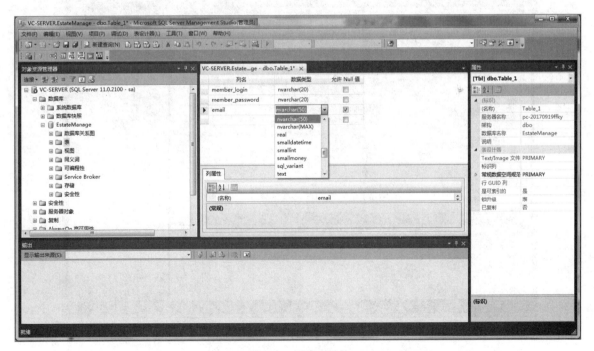

图 3-6　新建表结构

刷新对象资源管理器，即可看到刚才新建的loginuser表，如图3-8所示。

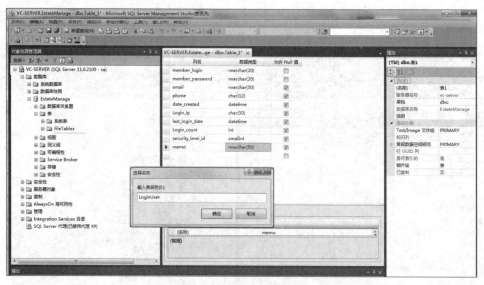

图 3-7　命名保存新建表

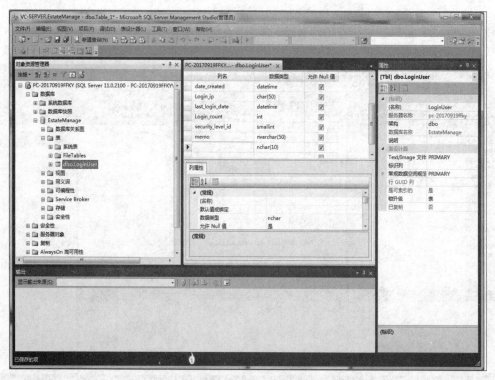

图 3-8　对象资源管理器中的新建表

2. 利用SQL语句创建数据库

在SQL Server服务管理器中选择"文件"→"新建"→"数据库引擎"命令，如图3-9所示。此时弹出"连接到服务器"对话框，如图3-10所示，单击"连接"按钮，打开查询分析器窗口，如

图3-11所示，可在其中输入SQL语句。

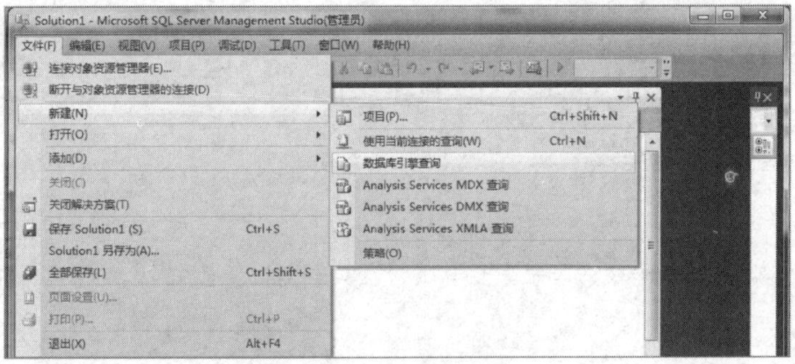

图 3-9　新建数据库引擎查询

图 3-10　"连接到服务器"对话框

图 3-11　在查询分析器中利用 SQL 语句创建数据库

3．创建数据库最简SQL语句

命令：

```
Create database dataname
```

功能：创建一个属性为默认值的数据库。

4．创建数据库常用SQL语句

命令：

```
CREATE   DATABASE database_name
[ON
[PRIMARY]
([NAME=logical_file_name,]        //主数据文件属性（如name、filename、size等）
FILENAME='os_file_name'
[,SIZE=size]
[,MAXSIZE={max_size/UNLIMITED}]
[,FILEGROWTH=growth_increment])
//用逗号隔开主要文件和次要文件，次要文件属性(如name、filename、size等)
[,...n]                    //注意，多个文件间有逗号分隔，但下面的LOG ON没有逗号
[,<filegroup>[,...n]]     //替代方法也是一样
]
[LOG ON
([NAME=logical_file_name,]        //日志文件属性（如name、filename、size等）
FILENAME='os_file_name'
[,SIZE=size]
[,MAXSIZE={max_size|UNLIMITED}]
[,FILEGROWTH=growth_increment])
[,...n]
]
[COLLATE   collation_name]
[FOR  LOAD|FOR  ATTACH]
```

功能：创建一个指定数据库。

1）数据库属性子句详细说明

（1）database_name：待创建的新数据库名称。数据库名称在SQL Server中必须唯一，并且必须符合标识符规则。

（2）ON PRIMARY：指定关联的<filespec>列表定义主文件。也就是.mdf文件。一个数据库必须有且只能有一个主文件。如未指定PRIMARY，那么CREATE DATABASE语句中列出的第一个文件将成为主文件。

ON [PRIMARY]子句用来指定数据库文件信息，可以用逗号分开列出多个文件及文件组文件，默认第一个为主文件。

（3）NAME：新建数据文件的逻辑名称，相当于逻辑路径（相对路径），主要用于数据库开发人员在使用数据库过程中进行的引用。

（4）FILENAME：新建数据文件的物理名称，包括绝对路径，主要用于进行数据库数据的实际存储地址，也就是最终建库后的主文件.mdf或次要文件.ndf以及日志.ldf文件名。

（5）SIZE：指定FILENAME定义的数据文件的初始大小。

如果主文件没有提供SIZE参数，那么将使用model数据库中的主文件大小。如果次要文件或日志文件没有指定SIZE参数，则SQL Server将默认设置文件大小为1 MB。

（6）MAXSIZE：指定FILENAME定义的文件可以增长到的最大容量。若设置为UNLIMITED参数，则指定文件将增长到磁盘变满为止。

（7）FILEGROWTH：指定FILENAME定义的文件每次增加的容量。

（8）LOG ON：简单理解为定义存储数据库日志文件的位置。LOG ON子句定义多个事务日志文件；若忽略该子句，默认生成一个与数据库文件同名、扩展名为.ldf、容量为1/4数据库文件大小的事务日志文件。

（9）COLLATE collation_name：指定数据库的默认排序规则。排序规则名称既可以是Windows排序规则名称，也可以是SQL排序规则名称。

（10）FOR ATTACH：指定通过附加一组现有的操作系统文件来创建数据库，如可以为已经存在的数据库文件创建一个新的数据库。

（11）FOR ATTACH_REBUILD_LOG：指定通过附加一组现有的操作系统文件来创建数据库，如可以将备份直接装入新建数据库。

2）编写数据库代码的注意事项

（1）所有编码过程都必须在英文状态下进行。

（2）所有属性都必须写在小括号内，属性与属性之间用逗号隔开，最后一个属性不用加逗号。

（3）在SQL Server中，关键字不区分大小写，但是内容区分大小写，值的单位也不区分大小写（如mb和MB意思等同）。

（4）值必须用单引号'引起来。

（5）增加的容量值可以使用两种方式，一种以兆字节，一种以百分比。

（6）逻辑名是绝对不可以重名的。

（7）切换当前数据库命令：use +数据库名。

【例3-1】创建数据库示例代码：

```
create database student
on primary
(name='student',
filename='E:\SQL_test\student',
size=5MB,maxsize=20MB,
filegrowth=1MB)
log on
(name='student_log',
filename='E:\SQL_test\student_log',
size=3MB)
```

【例3-2】创建一个物业管理系统数据库EstateManage，具体要求如下：

文件存放在D:\estatemanage文件夹中，主数据文件：初始大小为5 MB，自动增长为1 MB，文件最大无限制，日志文件：初始大小为2 MB，自动增长为10%，文件最大无限制。

具体SQL命令如下：

```
create database EstateManage
on primary              --默认就属于primary文件组，可省略
(
/*--数据文件的具体描述--*/
name='EstateManage',     /*主数据文件的逻辑名称*/
filename='D:\estate manage\EstateManage.mdf',      --主数据文件的物理名称
size=5MB,               --主数据文件的初始大小
maxsize=UNLIMITED,      --主数据文件增长无限制
filegrowth=1MB          --主数据文件的增长
)
log on
(
/*--日志文件的具体描述,各参数含义同上--*/
name='EstateManage_log',
filename='D:\estate manage\EstateManage_log.ldf',
size=2MB,
maxsize=UNLIMITED,      --日志文件增长无限制
filegrowth=10%          --日志文件的增长率
)
```

运行结果见图3-11所示。

任务 2 分离和附加数据库

任务导入

在任务1中创建了物业管理系统数据库EstateManage，在实际使用过程中，有时需要将当前数据库从目前服务器中分离出来，以便迁移至另一个数据库（若不迁移。则数据库在新的服务器上将不能使用），下面学习利用菜单方式和T-SQL命令方式分离/附加物业管理系统数据库EstateManage。

知识技能准备

默认情况，在联机状态时不能对数据库文件进行任何操作（如复制、删除等），此时如果将数据库分离，就可对数据文件进行各种操作（如复制、剪切、删除等）。

一般情况下，若要备份数据文件，就必须先分离数据库，以便将数据文件复制到其他地方，再把数据文件附加进去即可。

1．分离数据库

分离数据库就是将某个数据库（如student_Mis）从SQL Server数据库列表中删除，使其不再被SQL Server管理和使用，但该数据库的文件（.mdf）和对应的日志文件（.ldf）完好无损。分离成功后，可以把该数据库文件（.mdf）和对应的日志文件（.ldf）复制到其他磁盘中作为备份保存。

2．附加数据库

附加数据库是将一个备份磁盘中的数据库文件（.mdf）和对应的日志文件（.ldf）复制到指定的其他计算机，并将其添加到某个SQL Server数据库服务器中，由该服务器管理和使用这个数据库。

任务实施

视 频

一、利用菜单分离 / 附加数据库

（1）打开SQL Server Management Studio并连接到服务器，如图3-12所示。

图 3-12　连接到服务器

（2）右击需要迁移的数据库，在弹出的快捷菜单中选择"属性"命令，打开数据库属性窗口，选择"文件"选择页，记录数据库所在路径，如图3-13所示。

图 3-13　数据库属性窗口

（3）再次右击需要迁移的数据库，在弹出的快捷菜单中选择"任务"→"分离"命令，如图3-14所示。

图 3-14　在对象资源管理器中分离数据库快捷菜单

（4）打开分离数据库窗口，选中"删除链接"复选框，单击"确定"按钮分离，如图3-15所示。

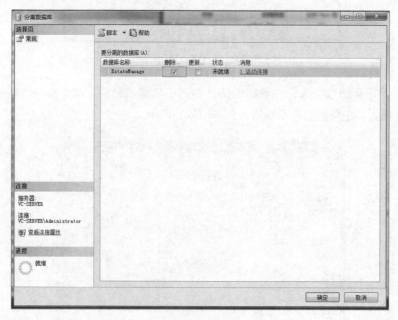

图 3-15　分离数据库窗口

（5）分离成功后，数据库文件即可自由移动。

（6）在SQL资源管理器中可以进行数据库附加操作。在SQL资源管理器中右击数据库，在弹出的快快捷菜单中选择"附加"命令（见图3-16）；打开附加数据库窗口（见图3-17），单击"添加"按钮，打开定位数据库文件窗口（见图3-18），选择指定位置的数据库后单击"确定"按钮即可完成数据库附加操作，如图3-19所示，此时所附加的数据库就出现在SQL资源管理器中，如图3-20所示。

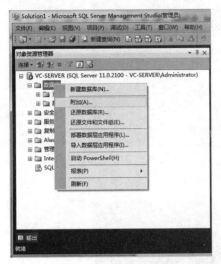

图 3-16 选择"附加"命令

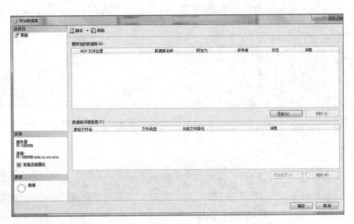

图 3-17 附加数据库窗口

图 3-18 定位数据库文件窗口

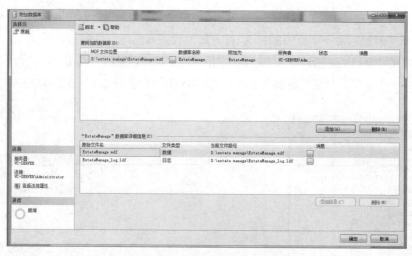

图 3-19 附加所选择的数据库

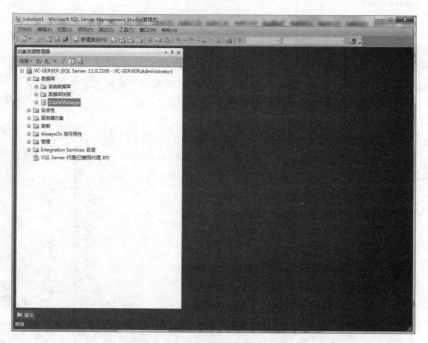

图 3-20 选择的数据库附加成功

二、利用命令附加 / 分离数据库

对于分离/附加一个数据库来说，可以使用Manage Studio界面，也可以使用存储过程。下面介绍利用命令分离或附加一个数据库。Manage Studio操作读者自己完成。

1. 分离数据库

使用系统存储过程sp_detach_db可将数据库从服务器分离。

命令：

```
EXEC sp_detach_db DatabaseName
```

功能：将指定数据库从服务器中分离。

【例3-3】将物业管理系统数据库EstateManage从服务器中分离。

创建一个查询，并在查询分析器窗口中输入以下代码后，单击"执行"按钮，如图3-21所示。

```
EXEC sp_detach_db EstateManage
```

注意：DatabaseName为从当前服务器要分离的数据库名，但必须保证没有用户使用这个数据库。

【延伸阅读】对于用存储过程来分离数据库，如果发现无法终止用户链接，可以使用ALTER DATABASE命令，并利用一个能够中断已存在链接的终止选项把数据库设置为SINGLE_USER模式，设置为SIGLE_USER模式的代码如下：

```
ALTER DATABASE[Database_Name]SET SINGLE_USER WITH ROLLBACK IMMEDIATE
```

一旦一个数据库分离成功，从SQL Server角度来看和删除这个数据库没有什么区别。

图 3-21　从服务器中分离 EstateManage

2. 附加数据库

对于附加数据库，可以使用sp_attach_db存储过程，或者使用带有FOR ATTACH选项的CREATE DATABASE命令，在SQL Server 2005或更高版本中推荐使用后者，前者是为了向前兼容，它正在逐渐被淘汰，而后者提供了更多对文件的控制。

1）利用系统存储过程sp_attach_db附加数据库

命令：

```
sp_attach_db[@dbname=]'db_name',[@filename1=]'filename_n'[,...]
```

功能：使用系统存储过程sp_attach_db可将数据库附加到服务器。

参数说明：[@dbname =]'db_name'为要附加到服务器的数据库名称。该名称必须是唯一的。[@filename1=]'file_name_n'为数据库文件的物理名称，包括路径。File_name_n的数据类型为nvarchar(260)，默认值为NULL。最多可以指定16个文件名。

【例3-4】将D:\Estate Manage文件夹中的物业管理系统数据库EstateManage附加到服务器中。

创建一个查询，并在查询分析器窗口中输入以下代码，单击"执行"按钮，如图3-22所示。

```
EXEC sp_attach_db @dbname='EstateManage',
@filename1='D:\Estate Manage\EstateManage.mdf',
@filename2='D:\Estate Manage\EstateManage_log.ldf'
```

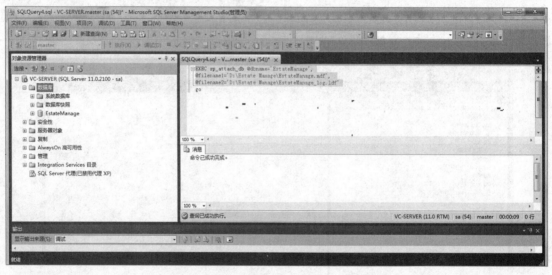

图 3-22　将数据库 EstateManage 附加到服务器中

2）使用带有FOR ATTACH选项的CREATE DATABASE命令附加数据库

命令：

```
CREATE DATABASE database_name
ON(FILENAME=''os_file_name'')
FOR ATTACH|FOR ATTACH_REBUILD_LOG
```

【例3-5】在D:\Database下创建学生数据库student，然后将其从服务器中分离，最后将其两个文件附加到当前服务器。

命令：

```
CREATE DATABASE student
ON(
```

```
name='student',
FILENAME='D:\Database\student.mdf')
log on
(name='stu_info_log',
filename='D:\Database\student_log.ldf'
)
go
EXEC sp_detach_db student
go
EXEC sp_attach_db @dbname='student',
@filename1='D:\DATABASE\STUDENT.mdf',
@filename2='D:\DATABASE\STUDENT_log.ldf'
```

【例3-6】使用sp_detach_db存储过程分离例3-5中的student数据库，然后使用带有FOR ATTACH子句的CREATE DATABASE重新附加到当前数据库。

命令：

```
sp_detach_db student
GO
CREATE DATABASE student ON PRIMARY(FILENAME ='D:\database\student.mdf')
FOR ATTACH
GO
```

拓展任务 数据库的其他相关操作

任务导入

在任务1中创建了物业管理系统数据库EstateManage，在实际使用过程中，经常会遇到查看当前数据库的属性和对数据库、数据库中的文件重命名等操作，本任务将具体介绍数据库操作（切换当前数据库，查看当前服务器中的数据库属性信息，数据库的重命名，删除数据库），数据库中的文件操作（向数据库添加、删除、修改文件，重命名数据库中文件），文件组操作（添加、删除文件组，将文件添加到文件组）的一系列命令。

知识技能准备

一、数据库其他操作的 T-SQL 命令

1. 切换当前数据库

命令：

```
use database_name
```

功能：将当前服务器中的指定数据库设为当前数据库。

2. 查看当前服务器中的数据库属性信息

命令：

```
exec sp_helpdb [[@dbname=] database_name
```

功能：查看当前服务器中的指定数据库或所有数据库的属性信息。

3. 重命名数据库

```
Exec sp_renamedb 原数据库名，新数据库名
```

4. 删除数据库

命令：

```
DROP DATABASE database_name [,...n]
```

功能：从Microsoft SQL Server删除一个或多个数据库。删除数据库将删除数据库所使用的数据库文件和磁盘文件。

参数：database_name 指定要删除的数据库名称。

二、数据库中文件操作的 T-SQL 命令

1. 向数据库添加、删除、修改文件

命令：

```
Alter database database_name
Add | remove | Modify file (file_name|file_attr)
```

功能：向指定数据库中添加、删除、修改指定文件或文件属性。

2. 查看当前服务器中的数据库属性信息

命令：

```
exec sp_helpdb [[@dbname=] database_name
```

功能：查看当前服务器中的指定数据库或所有数据库的属性信息。

3. 重命名数据库中的文件

命令：

```
Alter  database database_name
Modify  file(
Name='name1',
Newname='name2'
)
```

功能：将指定数据库中的文件名name1修改为name2。

4. 查找数据库文件

命令：

```
Execute sp_helpfile [file_name]
```

功能：查找当前数据库中的文件信息，如果缺省数据库所在的文件名，则显示该数据库中的所有文件信息。

三、文件组操作的 T-SQL 命令

1. 添加、删除文件组

命令:

```
Alter database database_name
Add|remove filegroup group_name
```

功能:为指定数据库添加、删除文件组。

2. 将文件添加到文件组

命令:

```
Alter  database database_name
Add file(
Name='file_name',
Filename='os_file_name'
)to filegroup group_name
```

功能:将指定数据库中的文件添加到指定的文件组中。

 任务实施

一、数据库的其他操作

1. 切换当前数据库

【例3-7】将当前服务器中的EstateManage数据库设为当前数据库。

创建一个查询,并在查询分析器窗口中输入以下代码后,单击"执行"按钮,如图3-23所示,其中图3-23(a)所示为执行命令前的当前数据库为master,图3-23(b)所示为执行命令后的当前数据库为EstateManage。

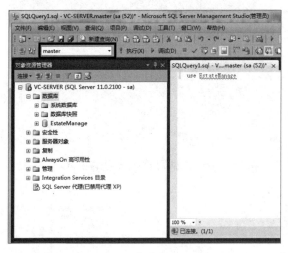 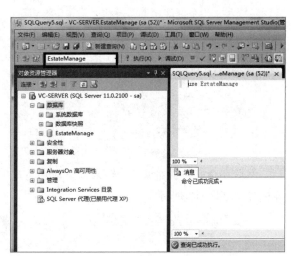

(a)　　　　　　　　　　　　　　　　(b)

图 3-23　设置当前数据库为 EstateManage

```
use EstateManage
```

2. 查看当前数据库的属性

【例3-8】查看当前服务器中EstateManage数据库的属性信息。

创建一个查询，并在查询分析器窗口中输入以下代码，单击"执行"按钮，执行结果如图3-24所示。

```
exec sp_helpdb EstateManage
```

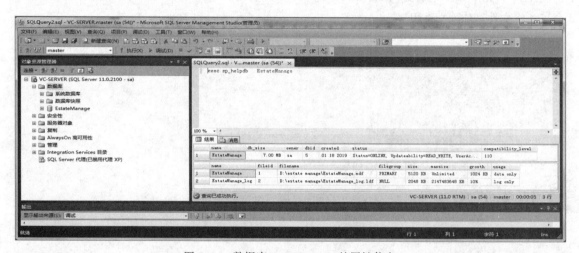

图 3-24　数据库 EstateManage 的属性信息

3. 删除数据库

【例3-9】创建一个学生信息数据库stu_info，然后将其删除。

创建一个查询，并在查询分析器窗口中输入以下代码，单击"执行"按钮，则创建一个stu_info数据库，如图3-25所示。

```
CREATE DATABASE stu_info
ON(
name='stu_info',
FILENAME='D:\Database\stu_info')
log on
(name='stu_info_log',
filename='D:\Database\stu_info_log.ldf'
)
```

然后在查询分析器窗口中输入以下代码后，单击"执行"按钮，即可将刚才创建的stu_info数据库删除，如图3-26所示。

```
Drop DataBase stu_info
go
```

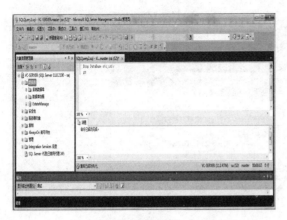
图 3-25　创建数据库 stu_info

图 3-26　删除数据库 stu_info

二、数据库中其他文件操作的 T-SQL 命令

1. 修改数据库文件

【例3-10】修改例3-5中创建的学生数据库student相关信息（原来创建数据库的属性设置为默认值，即初始大小为5 MB，增长为1 MB），现要求修改为初始大小为6 MB，增长为20%。

```
Alter database student
Modify file(
Name='student',
Size=6MB,
Filegroweth=20%
)
```

2. 查找数据库文件

命令：

```
Execute sp_helpfile [file_name]
```

功能：查找当前数据库中的文件信息，如果缺省数据库所在的文件名，则显示该数据库中的所有文件信息。

三、文件组操作的 T-SQL 命令

【例3-11】在学生数据库student中添加一个文件组stu。

创建一个查询，并在查询分析器窗口中输入以下代码，单击"执行"按钮，如图3-27所示，执行结果如图3-28所示，其中图3-28（a）所示为创建文件组命令执行前的数据库属性，图3-28（b）所示为创建文件组命令执行后的数据库属性。

```
Alter database student
Add filegroup stu
```

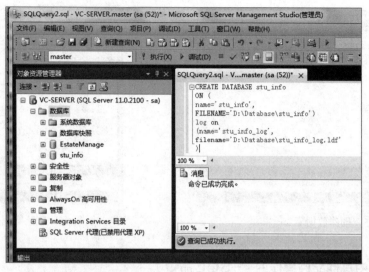

图 3-27　添加一个文件组 stu

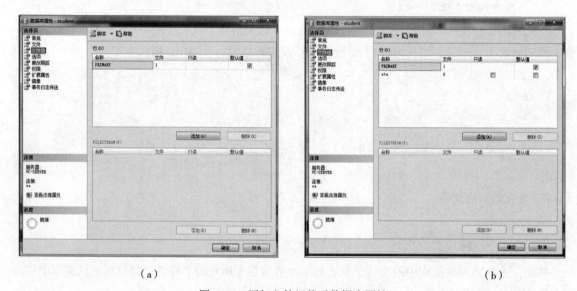

（a）　　　　　　　　　　　　　　（b）

图 3-28　添加文件组前后数据库属性

【例3-12】将学生数据库student中的文件组stu删除。

```
Alter database student
remove filegroup stu
```

小　结

本单元主要介绍了数据库的创建、分离和附加数据库、删除等概念和利用菜单方式和T-SQL命令两种形式完成相关操作的方法，并以创建物业管理系统数据库EstateManage引导这些内容的学习和操作。

实 训

1. 登录SQL Server对象资源管理器，利用菜单方式在其中创建一个物业管理系统数据库EstateManage。

2. 利用T-SQL命令在D:\dtaa中创建一个学生信息数据库StuInfo和学生档案数据库student，其中StuInfo和student数据文件初始大小为4 MB、6 MB，增长方式都是为2 MB，相应日志文件分别为3 MB、5 MB，增长方式为10%。

3. 将StuInfo和student两个数据库分别用菜单方式和SQL命令方式从当前服务器中分离。

4. 将StuInfo和student两个数据库分别用菜单方式和SQL命令方式添加到当前服务器中。

习 题

一、填空题

1. SQL中分离数据库的关键字是_____，附加数据库的关键字是_____。

2. 利用create database命令创建数据库时，默认的数据库属性中，主文件和日志文件初始大小分别为_____和_____。

二、选择题

1. SQL Server数据库文件有三类，其中主数据文件的扩展名为（   ）。

    A. ndf   B. ldf   C. mdf   D. idf

2. SQL Server 2012采用的身份验证模式有（   ）。

    A. 仅混合模式   B. 仅SQL Server身份验证模式

    C. 仅Windows身份验证模式   D. Windows身份验证模式和混合模式

三、简答题

1. SQL Server 2012中登录本地服务器有哪几种方式？

2. 分离数据库与删除数据库有什么区别？

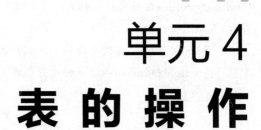

单元 4
表 的 操 作

表是数据库中最基本也是最重要的数据库对象，用于存储数据。在单元1中，已经将E-R图转换为数据库表，在本单元中将以用户信息表为例介绍如何创建表，并对表的记录进行管理。

学习目标

➤理解表的基本概念和数据类型概念；

➤能够使用SSMS和T-SQL创建表；

➤理解数据完整性和约束概念，并能进行约束的设置；

➤掌握使用SSMS和T-SQL对表进行增加、修改和删除记录的方法。

具体任务

➤任务1　创建表

➤任务2　操作表的记录

任 务 1　创 建 表

任务导入

物业管理系统最重要的功能是对住宅小区内的建筑、房屋、住户、设备、人员等信息进行综合管理。它要支持各种物业的日常管理，首先，资料管理存储物业系统的基本信息，包括PropertyInfo（物业基本信息表）、BuildingInfo（楼宇信息表）、HouseInfo（房屋信息表）、HouseOwner（业主信息表）、Facility（物业设施表）。同时，还要围绕房源（HouseType房屋分类表等）、服务、收费主线，对设备管理（包括EquipmentInfo和EquipmentMaintenance表）、车位管理（Carbarn表）、收费管理（User payment）等、有效处理住户（tenement住户表）、物业管理人员（LoginUser表和User_property表）之间的关系，实现流程化、规范化管理，同时提高物业服务水平。

管理员需要将这些信息存储在对应的表格中，将来对资料信息进行修改时，也会记录在数据表中。根据单元一的数据库设计，整个物业管理系统共创建了13张表格。在进行数据库管理前，首先要了解表的概念，掌握字段的属性，如数据类型、约束等。要建立数据表，并对相关的表建立约束，以保证数据的完整性和一致性。

知识技能准备

一、表的基本概念

数据表由行和列组成，每行用来保存一个关系的一行记录，又称数据行。每列称为字段，用来保存关系的属性。

1．表的构成

表本身存在一些数据库对象，如图4-1所示。

列（Column）：属性列，用户必须指定列名和数据类型。

主键（PK）：表中列名或者列名组合，可以唯一地标识表中的一行，可以确保数据的一致性。

外键（FK）：表中列名或者列名组合，它不是本表的主键，但可以是其他表的主键，用于建立两个表主键的参照完整性。

约束（Check）：用一个逻辑表达式限制用户输入的值在指定范围内。

触发器（Trigger）：是SQL Server 提供给程序员和数据分析员用于保证数据完整性的一种方法，它是与表事件相关的特殊的存储过程，它的执行不是由程序调用，也不是手工启动，而是由事件来触发，当对一个表进行操作（如insert、delete、update等）时就会激活它执行。

索引（Index）：根据指定表的某些列建立起来的顺序，提供了快速访问数据的途径。

图 4-1　表中的数据库对象

2．数据类型

在创建数据表之前，首先要确定列的数据类型。不同的数据类型代表了不同的信息类型和取值范围。SQL Server 2012提供了一系列数据类型，包括精确数字类型、近似数字类型、字符数据类型、日期和时间类型、二进制类型和其他数据类型，如表4-1所示。

表 4-1　SQL server 2012 的基本数据类型

分　　类		数　据　类　型
精确数字	整数型	bigint、int、smallint、tinyint
	精确小数	decimal、numeic
	货币	money、smallmoney
近似数字		float、real

续表

分　　类		数　据　类　型
字符串		char、varchar、text
Unicode 字符串		nchar、nvarchar、ntext
日期时间类型		datetime、datetime2、date、time、datetimeoffset、smalldatetime
二进制数据类型（图像、视频、音乐等）		binary、varbinary、image
其他	唯一标识	rowversijon、uniqueidentifier
	树形结构	hierarchyid
	空间数据	geometry、geography
	结果集	table
	程序中的类型	sql_variant
	用户自定义	用户自己命名
	扩展标记语言	xml

数据类型说明：

bigint：大整型，占8字节，取值范围：$-2^{63} \sim 2^{63}-1$。

int：整型，占4字节，取值范围：$-2^{31} \sim 2^{31}-1$。

smallint：短整型，占2字节，取值范围：$-2^{15} \sim 2^{15}-1$。

tinyint：微短整型，占1字节，取值范围：$0 \sim 255$。

decimal：带固定精度和小数位数的数值数据类型，$-10^{38}+1 \sim 10^{38}-1$，如decimal(15, 5)，表示共有15位，整数10位，小数5位。

numeic：功能同decimal。

monery：$-2^{63} \sim 2^{63}-1$（保留小数点后面4位）。

smallmoney：$-2^{31} \sim 2^{31}-1$（保留小数点后面4位）。

float：从$-1.79E+308$到$1.79E+308$可变精度的数字。

real：从$-3.04E+38$到$3.04E+38$可变精度的数字。

char：定长非Unicode字符型数据，最大长度为8 000。

varchar：变长非Unicode字符型数据，最大长度为8 000。

text：变长非Unicode字符型数据，最大长度为$2^{31}-1$。

nchar：定长Unicode字符型数据，最大长度为8 000。

nvarchar：变长Unicode字符型数据，最大长度为8 000。

ntext：变长Unicode字符型数据，最大长度为$2^{31}-1$。

datetime：1753年1月1日至9999年12月31日，精确到最近的3.33 ms。

datetime2(n)：1年1月1日至9999年12月31日，0至7之间的n指定小数秒。

date：1年1月1日至9999年12月31日。

time(n)：小时:分钟:秒.9999999，$0 \sim 7$之间的n指定小数秒。

datetimeoffset(n)：1年1月1日至9999年12月31日，0至7之间的n指定小数秒+/−偏移量。

smalldatetime：900年1月1日至2079年6月6日，精确到1 min。

binary：定长二进制数据，最大长度为8 000。

varbinary：变长二进制数据，最大长度为8 000。

image：变长二进制数据，最大长度为$2^{31}-1$。

rowversijon：自动生成的唯一的二进制数，通常用于版本戳，该值在插入和每次更新时自动改变。

uniqueidentifier：全球唯一标识符（GUID），十六进制数字，由网卡、处理器以及日期和时间信息产生。

hierarchyid：包含对层次结构中位置的引用。

geometry：此类型表示欧几里得（平面）坐标系中的数据。

geography：为空间数据提供了一个由经度和纬度联合定义的存储结构。

table：用于存储结构集。

sql_variant：用于存储各种数据类型的值，一个列中可能有不同数据类型的数值。

用户自己命名：自己可以创建的数据类型。

xml：用于存储xml数据。

3．数据完整性

数据完整性是指数据的正确性和一致性。它是防止数据库中存在不符合语义规定的数据和防止因错误信息的输入/输出造成无效操作而提出的。数据完整性分为实体完整性、域完整性、引用完整性和用户自定义完整性。

1）实体完整性

每一行在表中是唯一的，需要有一个主关键字唯一地标识每一行。实体表中的UNIQUE约束、PRIMARY KEY约束等就是实体完整性的体现。

2）域完整性

域完整性又称列完整性，指的是任一列数据必须满足所定义的数据类型，且值必须在有效范围内。比如CHECK约束、FOREIGN KEY约束、DEFAULT约束、NOT NULL等。

3）引用完整性

引用完整性又称参照完整性，是对表与表之间联系而言的。在输入或者删除记录时，引用完整性保证表之间的数据是一致的，防止数据丢失等。例如，当修改主表中的值时，可能会导致相关表生成孤立的记录，这种情形应当被禁止。FOREIGN KEY和CHECK约束属于引用完整性。

4）用户自定义完整性

由用户指定的一组规则，体现在实际应用中的业务规则。例如，每个业主的编号以Y开头。用户自定义的完整性可通过前面3种完整性的实施来实现。

4．约束

约束定义了允许什么样的数据进入数据库的规则，可以对一列或者多列的组合进行条件限制，让SQL Server帮助检查，防止出现非法数据。

SQL Server有5种类型的约束：分别是主键（PRIMARY KEY）约束、外键（FOREIGN KEY）约束、默认（DEFAULT）约束、检查（CHECK）约束、唯一（UNIQUE）约束。约束作为表的一部分，可以在创建表的同时创建约束，也可以在建立表之后再增加约束或者删除约束。

1）主键（PRIMARY KEY）约束

主键约束保证了主键值的唯一。一个表中只能有一个主键约束，主键约束的列值不允许为空值，也不允许出现重复。实际工作中常将房产证号、物业编号、住户编号等定义为主键约束。主键约束可以定义在一个列上也可以定义成列的组合。

2）外键（FOREIGN KEY）约束

外键用以实现两个表之间的数据联系，可由一列或者多列组合而成。设置外键，就是要在两张表中有同名列（同一数据类型），这列为一张表的主键，同时就为另一张表的外键。

3）默认（DEFAULT）约束

在设计表时为了减少空值，对不确定的列赋予默认值，可以避免出现空值，减少客户端开发的额外代码开销。

4）检查（CHECK）约束

对表中某些列定义CHECK约束限制数据的有效范围，在对约束列值进行更新（如插入、修改等）时，系统自动检查列数据的有效性。

5）唯一（UNIQUE）约束

指定一个列或者多个列的组合具有唯一性，防止在表中出现重复的列值。如果此列不允许空值，则可以实现完整性控制。由于主键具有唯一性，主键所在的列不再进行唯一性约束设置。

根据单元1任务3的设计，将数据表在SQL Server中创建出来，并设置好恰当的数据类型。表4-2~表4-6列举除了物业系统中资料管理系统中最基础的5张数据表。将以SSMS和T-SQL两种方式，实现这些表格的创建。物业管理系统中的其他表格请参考数据库相关说明，同理创建。

表 4-2　PropertyInfo 物业基本信息表

字段名	类型	长度	默认值	允许空	主/外键	外键	说明
Propertid	nchar	10		否	是		物业序号
PropertName	nvarchar	50					物业名称
principal	nvarchar	20					负责人
CompletionDate	date						建成日期
PersonContact	nvarchar	20					联系人
Phone	nchar	12					联系固话
MobilePh	nchar	12					移动电话
Area	decimal	10,2					占地面积
RoadArea	decimal	10,2					道路面积
ParkingArea	decimal	10,2					设计车位面积
StructureArea	decimal	10,2					建筑面积
TopNum	int						高层数
CarportArea	decimal	10,2					车库面积
PublicArea	decimal	10,2					公共面积
LayersNum	int						多层数

续表

字段名	类型	长度	默认值	允许空	主 / 外键	外键	说明
ParkingNum	int						车位数
GreenArea	decimal	10,2					绿化面积
Address	nvarchar	50					位置
memo	nvarchar	50					备注

表 4-3　BuildingInfo 楼宇信息表

字段名	类型	长度	默认值	允许空	主键	外键	说明
BuildingId	nchar	20		否	是		建筑编号
Propertid	nchar	10				是	楼宇号
BuildingName	nvarchar	50					楼名
elementsNum	int						单元数
HouseHolds	int						户数
layers	int						楼层
high	decimal	5,2					层高
buildDate	date						建成日期

表 4-4　HouseInfo 房屋信息表

字段名	类型	长度	默认值	允许空	主键	外键	说明
sid	nchar	10		否	是		房产证号
HouseId	nvarchar	10					房号
BuildingId	nchar	20				是	建筑编号
Propertid	nchar	10				是	物业编号
OwnerId	nchar	10				是	业主编号
TypeId	nchar	10				是	房屋类型

表 4-5　HouseOwner 业主信息表

字段名	类型	长度	默认值	允许空	主键	外键	说明
OwnerId	nchar	10		否	是		业主编号
name	nvarchar	20					姓名
sex	nchar	1					性别
WorkOrg	nvarchar	50					工作单位
ID	nchar	18					身份证号
Phone	nchar	12					固话
Mobile	nchar	12					移动电话

续表

字段名	类型	长度	默认值	允许空	主键	外键	说明
Email	nvarchar	30					电子邮件
responsiblePerson	nvarchar	20					联系人
photo	nchar	50					照片
StayYesNo	bit						是否入住
StayDate	date						入住日期

表 4-6　Facility 物业设施表

字段名	类型	长度	默认值	允许空	主键	外键	说明
FacilityId	nchar	10		否	是		设施序号
Propertid	nchar	10				是	物业序号
Name	nvarchar	50					名称
Type	nvarchar	10					类型
principal	nvarchar	20					负责人
PersonContact	nvarchar	20					联系人
Phone	nchar	12					电话

二、使用 SSMS 创建数据表

根据物业管理的需求分析，在EstateManage数据库中创建表格。各表格的结构在单元1中已介绍。

【例4-1】在对象资源管理器中创建PropertyInfo（物业基本信息表）。

操作步骤：

（1）在"对象资源管理器"窗口中展开EstateManage数据库，右击"表"，在弹出的快捷菜单中，选择"新建表"命令，打开表设计器，如图4-2所示。

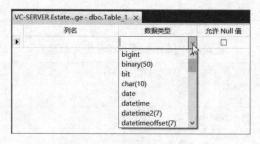

图 4-2　创建表的界面

（2）根据设计好的表结构在列名中输入对应列名，在"数据类型"下拉列表中选择对应的数据类型，如果可以为空，则在"允许Null值"列的复选框框中勾选（默认允许为空，主键不允许为空）。

（3）将PropetId字段设置成主键。右击PropetId字段，在弹出的快捷菜单中选择"设置主键"命令，主键字段不可以为空。

（4）填写完成所有的列信息（见图4-3）后单击工具栏中的"保存"按钮，保存为PropertyInfo表。

列名	数据类型	允许 Null 值
⚷ Propertid	nchar(10)	☐
PropertName	nvarchar(50)	☑
principal	nvarchar(20)	☑
CompletionDate	date	☑
PersonContact	nvarchar(20)	☑
Phone	nchar(12)	☑
MobilePh	nchar(12)	☑
Area	decimal(10, 2)	☑
RoadArea	decimal(10, 2)	☑
ParkingArea	decimal(10, 2)	☑
StructureArea	decimal(10, 2)	☑
TopNum	int	☑
CarportArea	decimal(10, 2)	☑
PublicArea	decimal(10, 2)	☑
LayersNum	int	☑
ParkingNum	int	☑
GreenArea	decimal(10, 2)	☑
Address	nvarchar(50)	☑
memo	nvarchar(50)	☑
		☐

VC-SERVER.Estate...dbo.PropertyInfo ×

图 4-3　设计表的列

【例4-2】使用SSMS创建修改HouseOwner（业主信息表），将其中的sex字段设置成CHECK约束。

操作步骤：

（1）在"对象资源管理器"窗口中展开EstateManage数据库，右击"表"，在弹出的快捷菜单中选择"设计"命令，打开表设计器，创建过程参考例4-1，这里不再赘述。

（2）创建完成后的HouseOwner表如图4-4所示。

（3）右击sex字段，在弹出的快捷菜单中选择"CHECK约束"命令，如图4-5所示。

VC-SERVER.Estat...dbo.HouseOwner ×

列名	数据类型	允许 Null 值
⚷ OwnerId	nchar(10)	☐
name	nvarchar(20)	☑
▶ sex	nchar(1)	☑
WorkOrg	nvarchar(50)	☑
ID	nchar(18)	☑
Phone	nchar(12)	☑
Mobile	nchar(12)	☑
EMail	nvarchar(30)	☑
ResponsiblePerson	nvarchar(20)	☑
StayYesNo	bit	☑
StayDate	date	☑
photo	nchar(50)	☑
		☐

设置主键(Y)	
插入列(M)	
删除列(N)	
关系(H)...	
索引/键(I)...	
全文索引(F)...	
XML 索引(X)...	
CHECK 约束(O)...	
空间索引(P)...	
生成更改脚本(S)...	
属性(R)	Alt+Enter

图 4-4　HouseOwner 表　　　　　　　　　图 4-5　设置约束

（4）在"CHECK约束"对话框中单击"添加"按钮，在右侧（常规）表达式一栏，输入"sex in('男','女')"，如图4-6所示。完成后，单击"关闭"按钮即可。

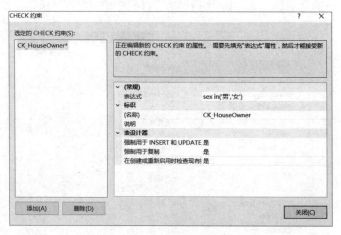

图4-6 设置CHECK表达式

【例4-3】使用SSMS创建BuildingInfo（楼宇信息表），并修改其中的Propertid字段，设置外键约束，该约束限制字段只能是PropertyInfo表的Propertid字段。

操作步骤：

（1）创建楼宇信息表的过程参考例4-1，这里不再赘述。

（2）在"对象资源管理器"窗口中展开EstateManage→"表"，右击BuildingInfo表，在弹出的快捷菜单中选择"设计"命令，打开表设计器。

（3）右击Propertid字段，在弹出的快捷菜单中选择"关系"命令，弹出"外键关系"对话框，如图4-7所示。

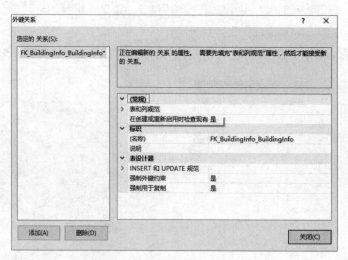

图4-7 "外键关系"对话框

（4）单击"表和列规范"，从下拉列表中选择对应的表格和字段，如图4-8所示。主键和外键必须为同一个字段，此时关系名自动会调整。

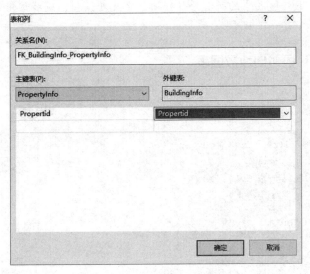

图 4-8　"表和列"对话框

（5）在"外键关系"对话框中，展开"表设计器"下面的"INSERT 和UPDATE规范"，单击"更新规则"和"删除规则"右侧的下拉按钮，设置成任一种合适的规则，如图4-9所示。这里为了简单起见，设置成"不执行任何操作"。

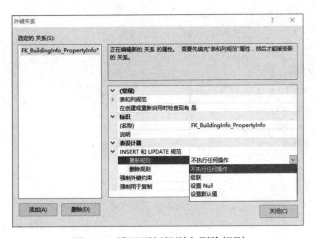

图 4-9　设置更新规则和删除规则

说明： 如果在表中设置了外键约束，则在更新记录和删除记录之前，SQL Server会首先检查主键是否被外键所引用。分成以下两种情形：

（1）若没有被引用，则更新或者删除。

（2）如果被引用，对于下面的选项，进行其中的一种操作。

➢ 不执行任何操作。

➢ 级联：级联更新或者级联删除表中的记录。

> 设置NULL：将外键表中相对应的外键值改为NULL（如果可以接受空值）。

> 设置默认值：如果外键表中的所有外键列均已定义默认值，则将该值设置成列定义中的默认值。

三、使用 T-SQL 语句创建数据表

1. 创建数据表

基本语法格式：

```
CREATE TABLE <表名>
(
列名1    数据类型[列级完整性约束],
列名2    数据类型[列级完整性约束],
…
列名n    数据类型[列级完整性约束],
[表级完整性约束1],
…
[表级完整性约束n]
)
```

说明：删除表的语法格式为DROP TABLE <表名>。

【例4-4】使用T-SQL语句创建Facility物业设施表。

操作步骤：

```
USE  EstateManage    --打开EstateManage数据库
GO
CREATE TABLE Facility(
    FacilityId nchar(10)NOT NULL,
    Propertid nchar(10)NULL,
    Namer nvarchar(50)NULL,
    Type nvarchar(10)NULL,
    Principal nvarchar(20)NULL,
    PersonContact nvarchar(20)NULL,
    Phone nchar(12)NULL
)
```

说明：

（1）表是数据库的组成部分，在进行表的操作之前，先要使用use EstateManage语句打开对应的数据库。

（2）此时创建表除了是否为空外，没有考虑列的其他约束情况。

2. 修改表的结构

基本语法格式：

```
ALTER TABLE <表名>
```

```
(   ALTER COLUMN <列名> <新数据类型>
|   ADD <新列名> <数据类型>[完整性约束]]
|   DROP {COLUMN <列名>|CONSTRAINT <约束名>}[,…n]
…
)
```

【例4-5】使用T-SQL语句修改Facility物业设施表，将FacilityId字段设成主键约束，并将Namer字段数据类型修改成nvarchar(40)。

操作步骤：

```
ALTER TABLE Facility
    ADD CONSTRAINT PK_Facility  PRIMARY KEY(FacilityId)  --增加主键约束
ALTER TABLE Facility
    ALTER  COLUMN  Namer  nvarchar(40)                    --修改列类型
```

3. 增加表的约束

增加外键约束的语法格式：

```
ALTER TABLE <表名>
ADD CONSTRAINT <约束名>
FOREIGN  KEY(字段名)  REFERENCES <主表名>(字段名)
[ON DELETE CASCADE]      --若有此项，说明级联删除
[ON UPDATE CASCADE]      --若有此项，说明级联更新
```

说明： 删除约束的语法格式为DROP CONSTRAINT <约束名>。

【例4-6】使用T-SQL语句修改Facility物业设施表，将其中的Propertid字段设置成外键约束，该约束限制字段只能是PropertyInfo表的Propertid字段。

操作步骤：

```
USE  EstateManage
GO
    ALTER TABLE  Facility
ADD  CONSTRAINT  FK_Facility_PropertyInfo  FOREIGN  KEY(Propertid)
    REFERENCES  PropertyInfo(Propertid)
```

任务实施

可以采用SSMS或者T-SQL方式进行数据表的创建。因涉及十多张数据表，任务实施部分仅以用户表loginuser进行详细说明，其他表的创建过程（如PropertyInfo等）已在案例中说明，请仿照案例进行。

创建登录用户表 loginuser

在EstateManage数据库中，创建登录用户表loginuser，设置member_login字段为主键，并设置login_count字段的默认值为0。

视频

素材

1. 使用SSMS方式

在"对象资源管理器"窗口中展开EstateManage数据库，右击"表"，在弹出的快捷菜单中选择"新建表"命令，打开表设计器，输入图4-10所示列名和数据类型，以及是否为空，并将member_login设置成主键。

约束部分：选择login_count字段，在列属性"默认值或绑定"栏输入0即可。（若是系统自动生成则为((0))），如图4-11所示。

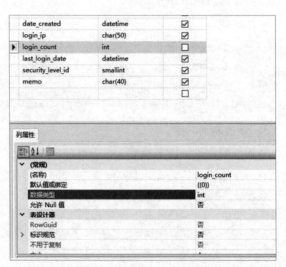

图 4-10 设计 loginuser 表的列　　　　　　　　图 4-11 设置默认值

2. T-SQL方式

在查询窗口执行以下代码：

```
USE EstateManage
GO
CREATE TABLE loginuser(
    member_login nvarchar(20) NOT NULL  PRIMARY KEY,      --主键
    member_password nvarchar(20) NULL,
    email nvarchar(50) NULL,
    phone char(12) NULL,
    phone_evn char](12)NULL,
    fax char(12) NULL,
    date_created datetime  NULL,
    login_ip char(50) NULL,
    login_count int NOT NULL,
    last_login_date datetime NULL,
    security_level_id smallint NULL,
    memo char(40) NULL
)
-- DF_loginuser_login_count是约束名，默认值约束0
ALTER TABLE loginuser ADD CONSTRAINT DF_loginuser_login_count DEFAULT 0 FOR
```

```
    login_count
GO
```

任务2　操作表的记录

任务导入

在创建数据库、数据表（或视图）之后，即可进行数据的处理。对用户信息表的记录操作，主要指记录的添加、更改和删除操作。

知识技能准备

一、记录操作

数据操作是用户对数据的基础管理，主要包括INSERT、UPDATE、DELETE等语句的使用，即DML语句。在应用程序中，为了使用方便，往往通过应用程序的界面方式添加和修改，如图4-12和图4-13所示，这是在前端程序中对数据库记录的操作。本任务描述的是直接在数据中进行记录的操作。

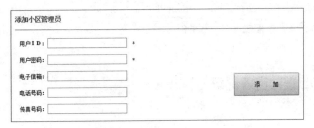

图4-12　物业系统添加记录界面

用户ID	密码	信箱	电话	传真	操作
赵杰	12345	zhaojie@qq.com	1233456	123456	编辑 选择 删除
张慧兰	888888	71890799@qq.com	20171224	20171224	编辑 选择 删除
董仲弭	5D355D1A				编辑 选择 删除
雷魁青	448E83DF				编辑 选择 删除
孟启谋	77301915				编辑 选择 删除
萧友弭	005B706A				编辑 选择 删除
余魁良	71173310				编辑 选择 删除

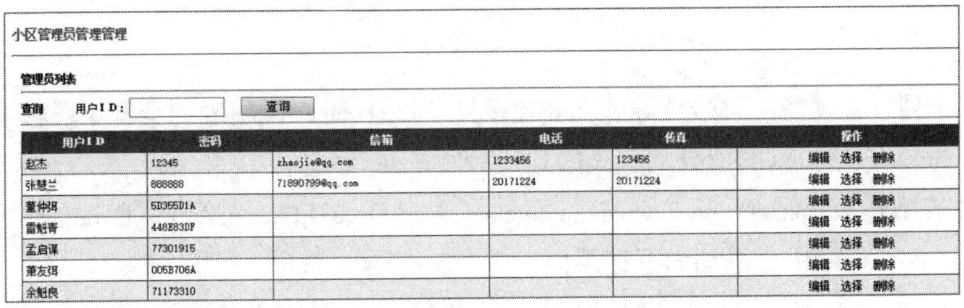

图4-13　物业系统修改记录界面

可以通过SSMS和T-SQL两种方式进行记录的操作。这里重点介绍T-SQL方式。

二、使用SSMS管理记录

【例4-7】使用SSMS查看和修改业主表HouseOwner的记录。

操作步骤：

（1）在"对象资源管理器"窗口中展开EstateManage→"表"，右击HouseOwner表，在弹出的快捷菜单中选择"编辑前200行"命令。

（2）在打开的数据表中，直接编辑操作，如图4-14所示。

OwnerId	name	sex	WorkOrg	ID	Phone	Mobile	EMail	Responsi...	StayYesNo	StayDate	photo
Y001	蔡日	男	农药集团	34171265...	NULL	13763588...	NULL	NULL	NULL	2013-01-01	NULL
Y002	陈琳	女	三江学院	34050119...	NULL	15112666...	NULL	NULL	NULL	2013-01-01	NULL
Y003	程恒坤	男	王者崎谷	34050119...	NULL	15655923...	NULL	NULL	NULL	2013-01-01	NULL
Y004	范烨	男	红楼梦	34050119...	NULL	12334566...	NULL	NULL	NULL	2013-01-01	NULL
Y005	顾建芬	男	三江市国税	34050116...	NULL	13910101...	NULL	NULL	True	2013-01-01	NULL
Y006	侯学亮	女	桐院海螺	34050119...	NULL	18110101...	NULL	NULL	True	2013-01-01	NULL
Y007	霍潚	男	铜陵公司	34050119...	NULL	13910101...	NULL	NULL	True	2013-01-01	NULL
			凌氏集团	34050119...	NULL	13910101...	NULL	NULL	True	2013-01-01	NULL
			凌氏集团	34050119...	NULL	13910101...	NULL	NULL	NULL	2013-01-01	NULL
			经可公司	34050119...	NULL	13945617...	NULL	NULL	True	2013-01-01	NULL
			东莞技术学校	34085519...	NULL	18435634...	NULL	NULL	True	2013-01-01	NULL
			里克公司	34050119...	NULL	13941237...	NULL	NULL	True	2013-01-01	NULL
			奇源公司	34050119...	NULL	13945687...	NULL	NULL	True	2013-01-01	NULL
			曜气公司	34050119...	NULL	13956231...	NULL	NULL	True	2013-01-01	NULL
			天美艺游	34102419...	05594577...	13855990...	54112135...	NULL	True	2013-01-01	NULL
			刘家公馆	34050119...	NULL	15455821...	NULL	NULL	NULL	2013-01-01	NULL
			李慧娘宾馆	34050119...	NULL	15462788...	NULL	NULL	NULL	2013-01-01	NULL
Y017	李夫	男									
Y018	韩信	男	大通饭店	NULL	NULL	NULL	NULL	NULL	False	NULL	NULL
NULL	NULL	NULL	NULL	NULL	NULL	NULL	NULL	NULL	NULL	NULL	NULL

（弹出菜单：执行 SQL(X) Ctrl+R；剪切(T) Ctrl+X；复制(Y) Ctrl+C；粘贴(P) Ctrl+V；删除(D) Del；窗格(N)；清除结果(L)；属性(R) Alt+Enter）

图4-14　SSMS 管理记录

（3）如果要添加记录，直接在记录行输入信息。修改记录，找到对应的字段，修改内容即可。如果要删除，则选中对应记录，选择删除记录即可。

说明： *如果数据表中的内容较多，使用SSMS方式修改很不方便。一般情况下，记录操作采用T-SQL方式。*

三、使用 T-SQL 语句管理记录

1. 增加表的记录操作

基本语法格式：

```
INSERT INTO <表名|视图名>[列1, 列2,….]VALUES(value1,value2,…)
```

参数说明：

➤ 指定多个列，必须使用逗号分隔。当省略[列1, 列2,…]时，说明表的全部字段都要添加信息。

➤ value1, value2…valueN的值分别和表的列1、列2、列n对应。

【例4-8】在数据表HouseOwner(OwnerId,name,sex,WorkOrg,ID,Phone,Mobile,EMail ResponsiblePerson, StayYesNo,StayDate, photo)中，添加如下记录值。

```
(Y006,侯学亮,女,贝尔公司,340501196601011002,NULL,13910101231 ,NULL,NULL,
1,2013-01-01,NULL)
```

操作步骤：

```
INSERT INTO HouseOwner(OwnerId,name,sex,WorkOrg,ID, Mobile, StayDate)
VALUES('Y006','侯学亮','女','贝尔公司','340501196601011002','13910101231',
'2013-01-01')
```

说明：这条记录只对HouseOwner表的七个字段赋值，其他未赋值的字段为空值，如果其他字段设置有默认值，则在插入记录的同时自动使用默认值。

2. 修改符合条件的记录操作

基本语法格式：

```
UPDATE <表名>
SET <列名1>=<表达式1>,[,<列名2>=<表达式2>,….]
[FROM <表名>]
[WHERE <条件>]
```

参数说明：

➤ SET子句用于指定修改的字段和值，可以同时修改多个字段。

➤ FROM 子句用于将一张表中的数据更新到其他表中时，若只对当前表进行操作，可以省略FROM子句。

➤ WHERE 子句为满足某些条件时才修改，如果省略，则修改表中的全部记录（慎用）。

【例4-9】修改数据表HouseOwner中的记录信息将OwnerId 为 "Y006" 业主的手机号（Mobile字段）修改为18110101231，工作单位（WorkOrg字段）修改为 "铜陵海螺"。

操作步骤：

```
UPDATE  HouseOwner
SET Mobile='181110101231', WorkOrg ='铜陵海螺'  WHERE  OwnerId='Y006'
```

3. 删除表的记录操作

基本语法格式：

```
DELETE
FROM  <表名>
[WHERE <条件>]
```

参数说明：

➤ WHERE 子句为满足某些条件时才删除，如果省略，则删除表中的全部记录（慎用）。

➤ 即使删除了表的全部记录，该数据表仍然存在（设计部分）。

【例4-10】将数据表HouseOwner中的业主姓名（name字段）为 "韩信" 的记录删除。

操作步骤：

```
DELETE  FROM  HouseOwner  WHERE name='韩信'
```

说明：如果在表中设置了外键约束，则在更新记录和删除记录之前，SQL Server会首先检查主键是否被外键所引用。

➤ 若没有被引用，则更新或者删除。HouseOwner表的主键为OwnerId，例如，业主韩信的OwnerId为Y018，没有被外键表tenement引用，即没有人租住韩信的房屋。记录可以直接删除。

➤ 如果被引用，例如，tenement表中有记录(Z006,h10,Y018,林小平,男,铜陵移动公司,NUL,NULL,NULL,NULL)。说明有人租住韩信的房屋，则记录按照管理员之前设置的选项 "不进行任何操作"，如图4-15所示，提示错误。

图 4-15 删除记录前的检查

任务实施

以下记录操作都以数据表loginuser为例进行。

（1）在数据表loginuser中，添加新用户的记录（见图4-10所示界面）。

操作步骤：

```
Insert into loginuser(member_login,member_password,email,phone,fax,date_created,
security_level_id) Values(@p1,@p3,@p4,@p5,@p6,@p7,@p8);
```

说明：

➤ 参数@p1至@p8为新用户的各个字段信息，通常直接赋值或结合程序代码获取。例如，C#语句comd.Parameters["@p1"].Value =TxtUserID.Text.Trim();用户ID文本框去空格后的值作为参数，其他参数同理获取。

➤ 用户密码字段：一般不在SQL Server中直接加密密码字段。往往通过在应用程序中加密member_password字段，然后在SQL Server中保存加密以后的密码字段。以后用户再登录系统时，再把用户输入的密码加密，和数据库中的密文密码比较即可验证密码。

（2）修改数据表loginuser记录操作实现，在图4-13所示界面中，选中用户，单击"编辑"按钮。

操作步骤：

```
UPDATE loginuser
--@member_password, @phone, @fax为管理员修改时输入的字段值
SET[member_password]=@member_password,[email]=@email,[phone]=@phone,
[fax]=@fax
WHERE member_login=original_member_login  --条件为修改当前用户
```

（3）删除数据表loginuser记录操作实现，在图4-13所示界面中，选中用户，单击"删除"按钮。

操作步骤：

```
--删除当前用户（选中用户时，需要利用应用程序代码获取当前用户的标识）
DELETE FROM loginuser WHERE[member_id]=@original_member_id
```

小　　结

本单元主要介绍了SQL Server 2012数据表的创建和记录的修改。具体要求掌握的内容如下。

➢ 数据的类型：介绍了常见的类型，主要有数字类型、时间日期类型、字符串类型、二进制类型等。

➢ 表的管理：使用SSMS和T-SQL方式管理表，表的创建（Create）、修改（Alter）和删除（Drop）语句。

➢ 记录操作：使用SSMS进行记录操作，使用Insert、Update、Delete语句删除记录。

实　　训

1. 在EstateManage数据库中，分别用SSMS和T-SQL两种方式创建房屋类型表HouseType和房屋信息表HouseInfo，表格的字段如表4-7和表4-8所示。

表4-7　HouseType 房屋类型表

字段名	类型	长度	默认值	允许空	主键	外键	说明
TypeId	nchar	10		否	是		类型编号
Propertid	nchar	10				是	物业编号
Called	nvarchar	50					名称
Structurearea	decimal	10,2					建筑面积
UsableArea	decimal	10,2					使用面积
PerSquareMeter	decimal	10,2					每平米缴费

表4-8　HouseInfo 房屋信息表

字段名	类型	长度	默认值	允许空	主键	外键	说明
Sid	nchar	10		否	是		房产证号
HouseId	nchar	10					房号
BuildingId	nvarchar	50				是	建筑编号
Propertid	decimal	10,2				是	物业编号
OwnerId	decimal	10,2				是	业主编号
TypeId	decimal	10,2				是	房屋类型

提示：请按照两种方式进行，要考虑主键和外键约束。

2. 使用T-SQL方式，为BuildingInfo表进行记录的修改。

（1）添加几条记录，如图4-16所示。

	BuildingId	Propertid	BuildingName	elementsNum	HouseHolds	layers	high	builddate
1	02355321001	02355321	5号楼	7	72	7	2.70	2012-12-30
2	02355321002	02355321	慈宁宫	6	83	6	2.70	2012-12-30
3	02355321003	02355321	3号楼	6	72	18	2.70	2012-12-30

图 4-16　要添加的记录

（2）使用T-SQL方式将BuildingInfo表的第三条记录的builddate修改成"2013-5-1"。

（3）使用T-SQL方式删除BuildingInfo表修改后的第三条记录。

习 题

一、填空题

1. 在SQL Server 中管理表数据时，添加记录语句为_____，修改语句为_____，删除语句为_____。

2. SQL Server列的约束有PRIMARY KEY（主键）、_____（默认）、NOT NULL（非空）、CHECK（检查）、_____（唯一）和_____（外键）。

二、选择题

1. 使用T-SQL创建表的语句是（   ）。

   A. DELETE TABLE   B. CREATE TABEL

   C. ADD TABLE   D. DROP TABLE

2. 限制列的取值范围，可以采用（   ）约束。

   A. CHECK   B. PRIMARY KEY

   C. DEFAULT   D. UNIQUE

3. SQL Server的字符型数据类型主要有（   ）。

   A. int、money、char   B. char、varchar、text

   C. date、binary、int   D. char、varchar、int

三、简答题

SQL Server中提供了哪几类完整性约束？请举例说明。

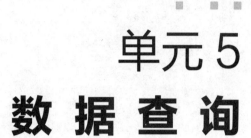

单元 5
数据查询

　　使用数据库和表的主要目的是存储数据，以便在需要的时候进行查询、统计和输出，数据库的查询是数据库应用中最常用和最核心的操作，在SQL Server 2012中，对数据库的查询使用SELECT语句，该语句是T-SQL的核心，具有十分强大的功能，使用也相对灵活。本单元介绍利用SELECT语句对数据库进行查询的方法。

学习目标

　　➤熟练掌握使用SELECT语句查询单个数据表中列数据和行数据的方法；
　　➤熟练掌握根据需要对查询结果进行排序的方法；
　　➤熟练掌握利用聚合函数对查询结果进行统计的方法；
　　➤熟练掌握分组查询的方法。

具体任务

　　➤任务1　查询单个数据表的列数据和行数据
　　➤任务2　数据排序和简单子句查询

任务1　查询单个数据表的列数据和行数据

任务导入

　　物业管理数据库中，有着业主的大量物业相关数据，当通过业主编号查询业主信息时，通过数据列表中的数据查询，可得到想要的数据，节省了时间，提高了准确性，增加了效率。

知识技能准备

　　当表中有大量记录时，若要对单个数据表进行查询，第一种方式是利用列数据查询，使用

SELECT语句，然后将查询结果返回的列和数据显示，第二种方式是利用行数据查询，也是使用SELECT语句，然后将查询结果返回的行和数据显示。

SELECT语句及其语法格式：

```
SELECT[ALL|DISTINCT][TOP expression[PERCENT][WITH TIES]]
<select_list>
[INTO new_table]
[FROM {<table_source>}[,...n]]
[WHERE<search_condition>]
[GROUP BY[ALL]group_by_expression[,...n]]
[WITH {CUBE|ROLLUP}]
[HAVING <search_condition>]
[ORDER BY order_expression[ASC|DESC]]
[COMPUTE {{AVG|COUNT|MAX|MIN|SUM}(expression)}[,...n]]
[BY expression[,...n]]
```

其中：

SELECT子句用于指定要选择的列或行及其限定。

INTO子句用于将查询结果存储到一个新的数据库表中。

FROM子句用于指出所查询的表名以及各表之间的逻辑关系，用逗号隔开。

WHERE子句用于指定查询的范围和条件，可以用来控制结果集中的记录构成。

一、查询数据表中的列数据

数据查询是指查询数据库中若干表中的数据，它主要用来完成各种数据的查询、统计、分析等数据处理功能。最基本的SELECT语句仅有要返回的列和这些列源于的表，这种不使用WHERE子句的查询称为无条件查询，又称投影查询。

通过SELECT语句的<select_list>项可以组成结果表的列：

```
<select_list>::=
{*                                      /*选择当前表或视图的所有列*/
  |{ table_name|view_name|table_alias}. /*选择指定表或视图的所有列*/
  |{ colume_name|expression|IDENTITYCOL|ROWGUIDCOL}
  [[AS]column_alias]                    /*选择指定的列*/
  |column_alias=expression              /*选择指定列并更改列标题*/
}[, ... n]
```

1. 查询表中所有的列

当需要显示表中所有列的数据时，有些表的列多达十几个甚至几十个，如果把这些列的名称全部写在SELECT语句中，不仅工作量大，而且容易出现错误，可以使用"*"表示表中所有列，这样简洁方便。

【例5-1】查询EstateManage数据库的PropertyInfo表中所有物业的基本信息。

可在SQLQuery标签页中输入并执行如下SQL语句：

```
USE ESTATEMANAGE
SELECT * FROM PropertyInfo
GO
```

运行结果如图5-1所示。

	Propertid	PropertName	principal	CompletionDate	PersonContact	Phone	MobilePh	Area	RoadArea
1	02355321	绍兴所	易金傲	1900-01-01	王瑞	045363534744	12334345356	100000.24	3000.34
2	05621001	高速地产	张永青	1900-01-01	王青	056212121212	13712121212	50000.00	1000.00
3	05621002	亚细亚	郭伟	1900-01-01	张华	056212121213	13712121213	10000.12	300.72
4	05621003	中粮地产	石坤	1900-01-01	王铭	056212132121	13912321541	100000.50	5000.10
5	05621004	三江学院	孙菲菲	1900-01-01	柯城高	NULL	15112666336	20000.00	500.22
6	05621007	中南石油	玲玲	1900-01-01	王杰	056212132128	15632489654	100000.20	50000.10
7	05621015	中东大地	陈建州	1900-01-01	朱古力	056145879521	13588954568	20000.50	500.54
8	05623231	石油城	王丽	1900-01-01	柳俊	044325546677	17845469397	100000.30	3000.10

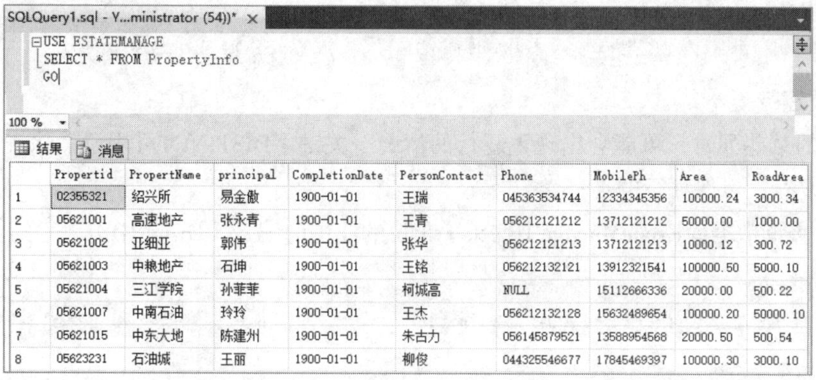

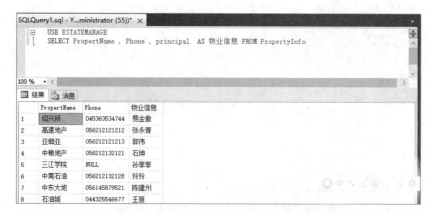

图 5-1　查询 PropertyInfo 表中所有物业的基本信息

2. 查询表中指定的列

许多情况下，用户只对表中的部分列感兴趣，查询时，可以使用SELECT语句查询表中指定的列，各列名之间要以英文逗号隔开，列的显示顺序可以改变。

为了方便阅读，可以在显示查询结果中的列名或者经过计算的列时使用自定义的列标题，即在列名之后使用AS子句更改查询结果的列标题的名称。但应注意的是，若自定义的列标题中含有空格，则必须使用引号将标题括起来。

【例5-2】查询数据库EstateManage的PropertyInfo表中的物业名称（PropertName）、联系电话（Phone）和负责人（principal）。

```
USE ESTATEMANAGE
SELECT PropertName, Phone, principal  AS 物业信息 FROM PropertyInfo
```

运行结果如图5-2所示。

	PropertName	Phone	物业信息
1	绍兴所	045363534744	易金傲
2	高速地产	056212121212	张永青
3	亚细亚	056212121213	郭伟
4	中粮地产	056212132121	石坤
5	三江学院	NULL	孙菲菲
6	中南石油	056212132128	玲玲
7	中东大地	056145879521	陈建州
8	石油城	044325546677	王丽

图 5-2　查询物业信息表中物业名称、联系电话和负责人

3. 查询经过计算的列

SELECT子句中的字段列表可以是表达式，如日期函数year()，从而输出对列值计算后的值。

【例5-3】查询数据库EstateManage中HouseOwner表中每位业主的姓名（name）、性别（sex）和入住时间（StayDate）。

```
USE ESTATEMANAGE
SELECT name, sex, 2012-year(入住时间)AS 入住信息 FROM HouseOwner
```

4. 消除重复行

只选择表的某些列时，可能会出现重复行的情况。关键字DISTINCT可用于消除查询结果中以某列为依据的重复行，以保证行的唯一性。

【例5-4】查询数据库EstateManage中购买了车位的业主的编号（OwnerID）。

```
USE ESTATEMANAGE
SELECT DISTINCT OwnerID FROM Carbarn
```

运行结果如图5-3所示。

	OwnerID
1	Y001
2	Y002
3	Y003
4	Y004
5	Y005
6	y006
7	Y008
8	Y009
9	Y010
10	y011
11	y012
12	Y043
13	Z005
14	Z006

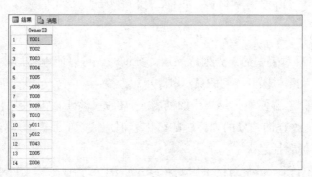

图 5-3　查询购买了车位的业主的编号

5. 限制返回行数

关键字TOP可用于限制返回查询结果的行数，TOP *n*（*n*>0）表示返回查询结果集的前*n*行，若带PERCENT表示返回查询结果集合的前*n*%行。

【例5-5】查询数据库EstateManage中购买了车位的前6位业主的编号（OwnerID）。

```
USE ESTATEMANAGE
SELECT TOP 6 OwnerID FROM Carbarn
```

运行结果如图5-4所示。

	OwnerID
1	Y003
2	Y004
3	Y003
4	Y005
5	Y008
6	Y010

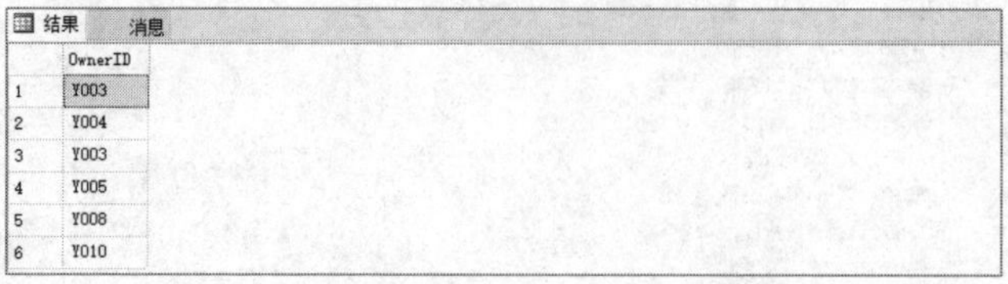

图 5-4　查询购买了车位的前 6 位业主的编号

二、查询数据表中的行数据

当要在表中查找出满足某些条件的行时，需要使用WHERE子句指定查询条件。这种查询称为选择查询，其语法格式如下：

```
WHERE <search_condition>
```

其中，

```
<search_condition> : : =
{[NOT]<precdicate>|(search_condition)
  [{AND|OR}[NOT]{<predicate>|(<search_condition>)}]
}[,...n]
```

Predicate为判定运算，包括比较运算、范围比较、确定集合、模式匹配、空值判断、包含式查询、自由式查询和子查询，运算结果为true、false或unknown。

1. 表达式比较

比较运算符用于比较两个表达式的值，其语法格式如下：

```
expression{=|<|<=|>|>=|<>|!=|!<|!>}expression
```

其中，expression是除text、ntext和image类型外的表达式。

【例5-6】在物业信息数据库EstateManage中，查询BuildingId为02355321001的业主情况。

```
USE ESTATEMANAGE
SELECT * FROM BuildingInfo WHERE BuildingId='02355321001'
```

运行结果如图5-5所示。

	BuildingId	Propertid	BuildingName	elementsNum	HouseHolds	layers	high	builddate
1	02355321001	02355321	5号楼	7	72	7	2.70	2012-12-30

图 5-5   查询 5 号楼的业主情况

当WHERE子句需要指定一个以上的查询条件时，则需要使用逻辑运算符AND、OR和NOT将其连接成复合的逻辑表达式。其优先级由高到低为NOT、AND、OR。用户可以使用括号改变优先级。

【例5-7】在物业信息数据库EstateManage中，查询Building ID为05621002003、propertid为05621002的业主的情况。

```
USE ESTATEMANAGE
SELECT * FROM BuildingInfo WHERE BuildingId='05621002003' AND propertid ='05621002'
```

运行结果如图5-6所示。

	BuildingId	Propertid	BuildingName	elementsNum	HouseHolds	layers	high	builddate
1	05621002003	05621002	大关桥	6	50	3	2.70	2012-12-30

图 5-6   查询 2 号楼 3 单元的业主情况

2．范围比较

当要查询的条件是某个值的范围时，可以使用关键字BETWEEN。BETWEEN运算符用于检查某个值是否在两个值之间，其语法格式如下：

```
expression[NOT]BETWEEN expression1 AND expression2
```

【例5-8】在物业信息数据库EstateManage中，查询业主编号在Y001到Y010的业主情况。

```
USE ESTATEMANAGE
SELECT * FROM HouseOwner
WHERE OwnerId BETWEEN 'Y001' AND 'Y010'
```

运行结果如图5-7所示。

	OwnerId	name	sex	WorkOrg	ID	Phone	Mobile	EMail	ResponsiblePerson
1	Y001	蔡日	男	农药集团	341712652717525172	NULL	13763588572	NULL	NULL
2	Y002	陈琳	女	三江学院	34050119910101036x	NULL	15112666336	NULL	NULL
3	Y003	程恒坤	男	王者峡谷	340501198004011852	NULL	15655923683	NULL	NULL
4	Y004	范烨	男	红楼梦	340501196604011855	NULL	12334566757	NULL	NULL
5	Y005	顾建芬	男	三江市国税	340501164101011001	NULL	13910101230	NULL	NULL
6	Y006	候学亮	女	贝尔公司	340501196601011002	NULL	13910101231	NULL	NULL
7	Y007	霍勇	男	铜陵公司	340501199611011002	NULL	13910101231	NULL	NULL
8	Y008	季建龙	男	凌氏集团	340501195501011002	NULL	13910101231	NULL	NULL
9	Y009	鞠迪迪	男	凌氏集团	340501195701011002	NULL	13910101231	NULL	NULL
10	Y010	王建飞	女	经可公司	340501196701011003	NULL	13945617853	NULL	NULL

图 5-7　查询业主编号在 Y001 到 Y010 的业主情况

3．确定集合

IN运算符用来查询属性值属于指定集合的元组，主要用于表达子查询，其语法格式如下：

```
expression[NOT]IN(subquery|expression[,...n])
```

【例5-9】在物业信息数据库EstateManage中，查询业主的房屋面积（Structurearea）为"94"或"132"的业主情况。

```
USE ESTATEMANAGE
SELECT Structurearea FROM HouseType
WHERE Structurearea IN( '94' , '132' )
```

4．模式匹配

当不知道完全精确的值时，可以使用LIKE进行部分匹配查询（又称模糊查询）。LIKE用于指出一个字符串是否与指定字符串相匹配，其运算对象可以是char、varchar、text、ntext、datetime和smalldatetime类型的数据，返回逻辑值True或False，其运算符的一般格式如下：

```
string_expression[NOT]LIKE string_expression[ESCAPE escape_character]
```

【例5-10】在物业信息数据库EstateManage中，查询所有"李"姓业主的姓名（name），查询姓名中第2个汉字是"奕"的业主的姓名。

```
USE ESTATEMANAGE
```

```
SELECT name FROM HouseOwner WHERE 姓名 LIKE '李%'
SELECT name FROM HouseOwner WHERE 姓名 LIKE '_奕%'
```

5. 空值判断

当需要判断一个表达式的值是否为空值时，使用 IS NULL 关键字，其语法格式如下：

```
Expression IS[NOT]NULL
```

【例5-11】在物业信息数据库EstateManage中，查询还没有入住的业主的姓名（name）和业主编号（OwnerId）。

```
USE ESTATEMANAGE
SELECT name, OwnerId FROM HouseOwner
WHERE StayYesNo IS NULL
```

运行结果如图5-8所示。

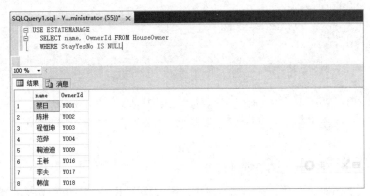

图 5-8　查询还没有入住的业主的姓名和业主编号

任务实施

在物业信息数据库EstateManage中，查询业主编号为Y001的业主情况。

（1）选择使用物业管理数据库EstateManage。

（2）用物业管理数据库中的HouseOwner表。

（3）使用SELECT语句查询业主编号是Y001的业主信息。

```
USE ESTATEMANAGE
SELECT * FROM HouseOwner
WHERE OwnerId is 'Y001'
```

任务 2　数据排序和简单子句查询

**任务导入**

物业信息管理数据库中，有着大量业主和物业的数据，当需要某个业主的姓名、房号和入住时

间等信息进行排序或查询时，通过数据列表里的ORDER BY等子句可得到想要的数据，节省了时间，提高了准确性，增加了效率。

知识技能准备

当表中有大量记录时，若要对单个数据表的查询结果进行排序，需要使用ORDER BY子句根据要求显示；若要查询数据表中数据的最大/最小值、统计行数、平均值/总和以及分组时，就需要使用相应的函数和子句。

SELECT语句及其语法格式：

```
SELECT[ALL|DISTINCT][TOP expression[PERCENT][WITH TIES]]
<select_list>
[INTO new_table]
[FROM {<table_source>}[,...n]]
[WHERE<search_condition>]
[GROUP BY[ALL]group_by_expression[,...n]]
[WITH {CUBE|ROLLUP}]
[HAVING <search_condition>]
[ORDER BY order_expression[ASC|DESC]]
[COMPUTE {{AVG|COUNT|MAX|MIN|SUM}(expression)}[,...n]]
[BY expression[,...n]]
```

其中：

GROUP BY子句用于对查询到的数据进行分组。

HAVING子句用于指定分组统计条件。GROUP BY子句、HAVING子句和集合函数一起可以实现对每个组生成一行或一个汇总值。

ORDER BY子句用于对查询到的数据进行排序处理，即可以根据一个或多个列排序查询结果，在该子句中，既可以使用列名，也可以使用相对列号。ASC表示升序排列，DESC表示降序排列。

COMPUTE子句用于使用聚合函数在查询结果集中生成汇总行。

一、对查询结果进行统计

聚合函数又称统计函数，用于对数据集合进行统计，返回单个计算的结果，在SELECT语句中，可以利用聚合函数对查询结果进行统计。

1. SUM和AVG

SUM和AVG分别用于表达式中所有值项的总和和平均值，其语法格式如下：

```
SUM/AVG([ALL|DISTINCT]expression )
```

【例5-12】在物业信息管理数据库EstateManage中查询9号楼业主停车位的人均数和总数。

```
USE ESTATEMANAGE
SELECT AVG(CarbarnId)AS 人均数, SUM(CarbarnId)AS 总数
FROM Carbarn
```

```
WHERE 楼号= '9 '
```

2. COUNT

COUNT用于统计组中满足条件的行数或总行数。COUNT函数对空值不计算，但对零进行计算，其语法格式如下：

```
COUNT( {[ALL|DISTINCT]expression}|*)
```

【例5-13】在物业信息管理数据库EstateManage中，查询业主的总人数。

```
USE ESTATEMANAGE
SELECT COUNT(*)AS 业主总数
FROM HouseOwner
```

查询结果如图5-9所示。

图 5-9　查询业主的总人数

3. MAX和MIN

MAX和MIN分别用于求表达式中所有值项的最大值与最小值，其语法格式如下：

```
MAX/MIN([ALL|DISTINCT]expression)
```

【例5-14】在物业信息数据库EstateManage中，查询9号楼业主的房屋使用面积（UsableArea）最低和最高值。

```
USE ESTATEMANAGE
SELECT MIN(UsableArea)AS 最低值, MAX(UsableArea)AS 最高值
FROM HouseType
WHERE 楼号='9'
```

二、分组查询

在SELECT语句中，可以利用GROUP BY子句、HAVING子句和COMPUTE子句实现分组查询。

1. GROUP BY子句

GROUP BY子句可以将查询结果按列的组合在行的方向上进行分组或分组统计，如果对各个分组求平均值、行数、总和、最大值和最小值，每组在列的组合上具有相同的聚合值。其语法格式如下：

```
[GROUP BY[ALL]group_by_expression[,...n][WITH]{ CUBE|ROLLUP}]]
```

【例5-15】在物业信息管理数据库EstateManage中，查询各楼的业主人数，每位业主购买停车位的情况。

```
USE ESTATEMANAGE
SELECT OwnerId, COUNT(*)AS 业主人数
FROM HouseOwner
```

```
GROUP BY OwnerId
SELECT CarbarnId , COUNT(*)AS 车位数
FROM Carbarn
GROUP BY CarbarnId
```

运行结果如图5-10所示。

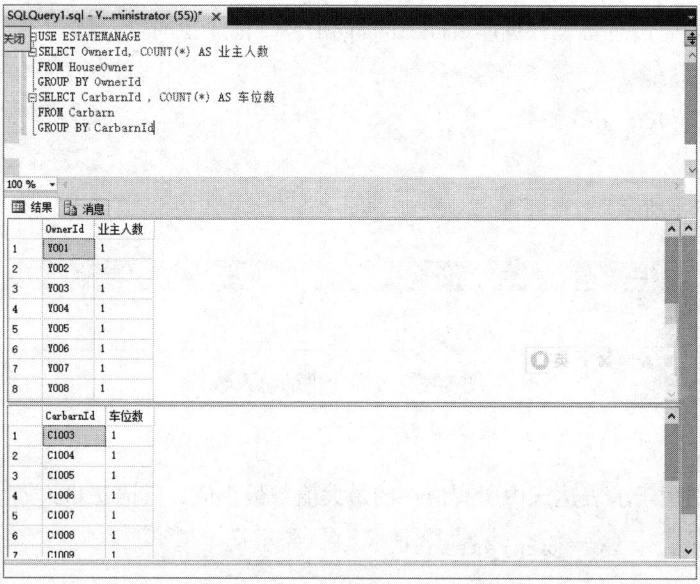

图5-10　查询各楼的业主人数，每位业主购买停车位的情况

2. HAVING子句

使用GROUP BY子句和聚合函数对数据进行分组后，还可以使用HAVING子句对分组数据集合进行再筛选。

【例5-16】在物业信息数据库EstateManage中，查询所有业主中住在9号楼的女业主的信息。

```
USE ESTATEMANAGE
SELECT name,sex AS 业主信息
FROM HouseOwner
GROUP BY 9号楼
HAVING sex=female
```

注意：在使用GROUP BY子句查询时，有时需要同时使用HAVING子句和WHERE子句，需注意WHERE、GROUP BY和HAVING三个子句的执行顺序。用WHERE子句筛选FROM指定的数据，将不符合WHERE子句中的条件的行消除；然后，用GROUP BY子句对WHERE子句的结果分组；最后，HAVING子句对GROUP BY分组的结果再进行筛选。

3. COMPUTE子句

COMPUTE子句用于分类汇总，它将产生附加的汇总行，其语法格式如下：

```
[COMPUTE {聚合函数名(expression)}[,...n][BY expression[,...n]]]
```

【例5-17】在物业信息数据库EstateManage中，查找9号楼业主的姓名，并产生一个业主总人数行。

```
USE ESTATEMANAGE
SELECT name
FROM HouseOwner
WHERE 楼号= ' 9 '
COMPUTE COUNT(name)
```

三、对查询结果进行排序

有时候查询结果的顺序不一定符合各种查询的要求，希望对指定的列按升序或降序排列查询结果。ORDER BY子句包括了一个或多个用于指定排序顺序的列名，多个列名以逗号隔开，查询结果将先按指定的第1列进行排序，然后再按指定的下一列进行排序。排序方式可以指定为ASC（升序）或DESC（降序），默认为ASC（升序）。

其语法格式如下：

```
ORDER BY <列名列表>[ASC|DESC]
```

【例5-18】在物业信息数据库EstateManage中，将9号楼的业主按入住时间先后排序。

```
USE ESTATEMANAGE
SELECT *
FROM HouseOwner
WHERE 楼号= ' 9 '
ORDER BY StayDate
```

任务实施

查询9号楼业主的姓名、房号和入住时间等信息，进行排序或查询时通过数据列表中的ORDER BY等子句得到想要的数据。

```
USE ESTATEMANAGE
SELECT name,ownerid,time AS 业主信息
FROM HouseOwner
GROUP BY 9号楼
HAVING sex=female
```

小　结

本单元主要介绍了SQL Server 2012数据库中数据查询的方法和过程，具体要求掌握的内容如下：

➢ 查询数据表中的列数据和行数据；

➢ 对查询结果进行排序；

➢ 使用聚合函数对查询结果进行统计。

➢ 分组查询。

实　训

一、实训目的

1. 练习SELECT语句的简单查询方法。

2. 进一步熟悉SQL语句的查询功能。

二、实训内容

基于物业管理数据库，参考本单元中的SQL操作实例，实现数据的基本查询功能。

三、实训步骤

1. 查询楼宇信息。

2. 查询所有业主信息。

3. 查询业主的车库名信息。

四、实训报告要求

1. 实训报告分为实训目的、实训内容、实训步骤、实训心得4部分。

2. 把相关的语句和结果写在实训报告上。

3. 写出详细的实训心得。

习　题

一、填空题

1. WHERE子句后面一般跟着_____。

2. SQL Sever聚合函数有最大值、最小值、求和、平均和计数等，它们分别是MAX、_____、_____、AVG和COUNT。

3. HAVING子句与WHERE子句很相似，其区别在于WHERE子句作用的对象是_____；HAVING子句作用的对象是_____。

二、选择题

1. 在SQL中，SELECT语句的SELECT DISTINCT表示查询结果中（　　　）。

　　A. 属性名都不相同　　　　　　　　　B. 去掉了重复的列

　　C. 行都不相同　　　　　　　　　　　D. 属性值都不相同

2. 在SELECT语句中，下面（　　　）子句用于将查询结果存储在一个新表中。

　　A. FROM　　　　　　　　　　　　　B. ORDER BY

　　C. HAVING　　　　　　　　　　　　D. INTO

3. 与条件表达式"楼层BETWEEN 0 AND 35"等价的条件表达式是（　　　）。

　　A. 楼层 >0 AND 楼层 <35　　　　　　B. 楼层 >=0 AND 楼层 <=35

　　C. 楼层 >=0 AND 楼层 <35　　　　　　D. 楼层 >0 AND 楼层 <=35

4. 表示房屋面积为94同时在9号楼的表达式为（　　　）。

　　A. 房屋面积 ='94' OR 楼号 ='9'　　　　B. 房屋面积 ='94' ANDR 楼号 ='9'

　　C. BETWEEN '94' AND '9 号楼 '　　　　D. IN('94', '9 号楼 ')

5. 模式查找 LIKE'_a%'，下面（　　　）结果是可能的。

    A. aili　　　　　　　B. bai　　　　　　　C. bba　　　　　　　D. cca

6. 在 SQL 中，下列涉及空值的操作，不正确的是（　　　）。

    A. age IS NULL　　　　　　　　　　B. age IS NOT NULL

    C. age=NULL　　　　　　　　　　　D. NOT(age IS NULL)

7. 在 SELECT 语句中，下面（　　　）子句用于对分组统计进一步设置条件。

    A. ORDER BY　　　　　　　　　　B. INTO

    C. HAVING　　　　　　　　　　　D. ORDER BY

8. 下列关于查询排序的说法中正确的是（　　　）。

    A. ORDER BY 子句后面只能跟一个字段名

    B. 排序操作不会影响表中存储数据的顺序

    C. ORDER BY 子句中的默认排序方式为降序排列

    D. 只能对数值型字段进行排序

三、简答题

1. 试说明 SELECT 语句的 FROM 子句、WHERE 子句、ORDER BY 子句、GROUP BY 子句、HAVING 子句和 INTO 子句的作用。

2. 简述 COMPUTE 子句和 COMPUTE BY 子句的差别。

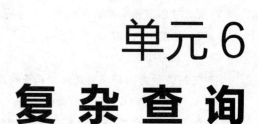

单元 6
复杂查询

　　物业信息管理数据库中，有着大量业主和物业的数据，当这些数据在不同数据库表格中，或是只有有限的数据信息，但是又想调用所有的相关信息时，可以采用多表查询、模糊查询和嵌套查询，节省了时间，提高了准确性，增加了效率。

学习目标

➤熟练掌握使用SELECT语句单个数据表的模糊查询方法；

➤熟练掌握根据需要进行多表查询的方法；

➤熟练掌握利用嵌套查询数据的方法。

具体任务

➤任务　多表数据查询

任务　多表数据查询

任务导入

　　物业信息管理数据库中，有着大量的物业信息数据，当需要某个业主的姓名、房号、电话等信息时，通过多表和嵌套等方法在数据表中查询可得到想要的数据，节省了时间，提高了准确性，增加了效率。

知识技能准备

　　当表中有数据信息不精确时，若要对单个数据表进行查询，可以使用单个数据表的模糊查询方法，通过模糊查询，可以查询所有的相关信息；当需要查询的信息不在一个数据表中时，采用多表查询或嵌套查询，可以更加精确地得到想要的信息和数据。

SELECT语句及其语法格式：

```
SELECT *  FROM HouseOwner  WHERE name LIKE '   '
SELECT 列名列表 FROM 表名1 CROSS JOIN 表名2
```

或

```
SELECT 列名列表 FROM 表名1, 表名2
SELECT 列名列表 FROM 表名1[INNER]JOIN 表名2 ON 表名1.列名=表名2.列名
```

或

```
SELECT 列名列表 FROM 表名1, 表名2 WHERE 表名1.列名=表名2.列名
SELECT 列名列表 FROM 表名1 AS A LEFT[OUTER]JOIN 表名2 AS B ON A.列名=B.列名
SELECT 列名列表 FROM 表名1 AS A RIGHT[OUTER]JOIN 表名2 AS B ON A.列名=B.列名
SELECT 列名列表 FROM 表名1 AS A FULL[OUTER]JOIN 表名2 AS B ON A.列名=B.列名
```

一、模糊查询

在SQL中，对于不精确的查询，可以使用以下通配符。

%：表示零个或多个任意字符。

_：表示单个任意字符。

[ ]：表示指定范围中的任何单个字符，如[a–f]或[abcde]。

[^]：表示不属于指定范围，如[a–f]或[abcde]的任何单个字符。

SQL通配符必须与LIKE运算符一起使用，LIKE运算符用于在WHERE子句中搜索列中指定的数据。

【例6-1】从物业信息数据库EstateManage中查询姓"李"的业主信息。

```
USE ESTATEMANAGE
SELECT *
FROM HouseOwner
WHERE name LIKE ' 李% '
```

运行结果如图6-1所示。

	OwnerId	name	sex	WorkOrg	ID	Phone	Mobile	EMail	ResponsiblePerson
1	Y012	李元芳	女	里克公司	3405011964010110004	NULL	13941237415	NULL	NULL
2	Y017	李夫	男	李慧娘宾馆	3405011977041123313	NULL	15462788578	NULL	NULL

图 6-1　查询姓"李"的业主信息

【例6-2】从物业信息数据库EstateManage中查询2017年入住的业主信息。

```
USE ESTATEMANAGE
SELECT *
FROM HouseOwner
WHERE StayDate LIKE '2017_ _ _ _ _ '
```

注意：

（1）表达式 LIKE '2017_____' 中2017后面有5个"_"符号。

（2）业主的信息包含入住年份信息。

【例6-3】在物业信息数据库EstateManage中，查询非李姓业主的信息。

```
USE ESTATEMANAGE
SELECT *
FROM HouseOwner
WHERE name LIKE '[^李]%'
```

运行结果如图6-2所示。

	OwnerId	name	sex	WorkOrg	ID	Phone	Mobile	EMail
1	Y001	蔡日	男	农药集团	341712652717525172	NULL	13763588572	NULL
2	Y002	陈琳	女	三江学院	34050119910101036x	NULL	15112666336	NULL
3	Y003	程恒坤	男	王者峡谷	340501198004011852	NULL	15655923683	NULL
4	Y004	范烨	男	红楼梦	340501196604011855	NULL	12334566757	NULL
5	Y005	顾建芬	男	三江市国税	340501164101011001	NULL	13910101230	NULL
6	Y006	侯学亮	女	贝尔公司	340501199101011002	NULL	13910101231	NULL
7	Y007	霍勇	男	铜陵公司	340501199611011002	NULL	13910101231	NULL
8	Y008	季建龙	男	凌氏集团	340501199501011002	NULL	13910101231	NULL
9	Y009	鞠迪迪	男	凌氏集团	340501195701011002	NULL	13910101231	NULL
10	Y010	王建飞	女	经可公司	340501196701011003	NULL	13945617853	NULL
11	Y011	王秋静	女	东莞技术学校	340855196905231117	NULL	18435634112	NULL
12	Y013	王一军	女	奇遇公司	340501196301011009	NULL	13945687413	NULL
13	Y014	明世隐	男	暖气公司	340501197101011010	NULL	13956231452	NULL
14	Y015	狄仁杰	女	天美艺游	341024198808019226	05594577892	13855990085	541121356@qq.com
15	Y016	王希	男	刘家公馆	340501197202011111	NULL	15455821305	NULL

✅ 查询已成功行。 | VC_SERVER (11.0 RTM) | VC_SERVER\Administrato... | EstateManage | 00:00:00 | 16 行

图 6-2　查询非李姓业主的信息

二、多表查询

前面的查询都是针对一个表进行的，当查询同时涉及两个以上的表时，则称为连接查询。连接查询是关系数据库中最主要的查询，包括交叉连接、内连接、外连接和自连接。连接查询就是关系运算的连接运算，它是从多个数据表间查询满足一定条件的数据。

1. 交叉连接

交叉连接又称非限制连接，它是将两个表不加任何约束地组合起来。也就是将第一个表的所有行分别与第二个表的每行形成一条新的行，连接后该结果集的行数等于两个表的行数之积，列数等于两个表的列数之和。其语法格式如下：

```
SELECT 列名列表 FROM 表名1 CROSS JOIN 表名2
```

或

```
SELECT 列名列表 FROM 表名1, 表名2
```

【例6-4】在物业信息数据库EstateManage中，由PropertyInfo表和HouseOwner表生成一个物业齐全的楼盘业主的住户表tenement。

```
USE ESTATEMANAGE
SELECT PropertyName, name, OwnerId= '' INTO tenement FROM PropertyInfo,
HouseOwner
```

或

```
USE ESTATEMANAGE
SELECT PropertyName, name, OwnerId= '' INTO tenement FROM PropertyInfo CROSS
JOIN HouseOwner
```

2．内连接

交叉连接又称自然连接，它是组合两个表的常用方法，内连接就是只包含满足连接条件的数据行（即将交叉连接运算的结果集按照连接条件进行筛选过滤的结果）。连接条件通常采用"主键=外键"的形式。内连接有以下两种语法格式：

```
SELECT 列名列表 FROM 表名1[INNER]JOIN 表名2 ON 表名1.列名=表名2.列名
```

或

```
SELECT 列名列表 FROM 表名1, 表名2 WHERE 表名1.列名=表名2.列名
```

【例6-5】从物业信息数据库EstateManage中的BuildingInfo、tenement和HouseOwner表中查询每栋楼的每位业主的姓名和入住时间。

```
USE  ESTATEMANAGE
SELECT name, HouseId, StayDate FROM BuildingInfo INNER JOIN HouseOwner ON
BuildingInfo.HouseId= tenement.TenementId
INNER JOIN HouseOwner ON HouseOwner.StayDate= tenement.StayDate
```

或

```
USE ESTATEMANAGE
SELECT name, HouseId, StayDate FROM BuildingInfo, tenement, HouseOwner
WHERE HouseOwner.StayDate=tenement.StayDate AND BuildingInfo.HouseI=
tenement.HouseId
```

3．外连接

在自然连接中，只有在两个表中匹配的行才能在结果集中出现，而在外连接中可以只限制一个表，而对另外一个表不加限制（即另外一个表中的所有行都出现在结果集中）。

外连接分为左外连接、右外连接和全外连接3种。左外连接（Left Outer Join）是指对连接条件中左边的表不加限制；右外连接（Right Outer Join）是指对连接条件中右边的表不加限制；全外连接（Full Outer Join）是指对两个表都不加限制，所有两个表中的行都会包括在结果集中。

（1）左外连接。其语法格式如下：

```
SELECT 列名列表 FROM 表名1 AS A LEFT[OUTER]JOIN 表名2 AS B ON A.列名=B.列名
```

【例6-6】使用左外连接查询所有业主的房号情况。

```
USE ESTATEMANAGE
SELECT FROM HouseOwner AS a LEFT JOIN BuildingInfo AS b ON a.OwnerId=b.OwnerId
```

（2）右外连接。其语法格式如下：

```
SELECT 列名列表 FROM 表名1 AS A RIGHT[OUTER]JOIN 表名2 AS B ON A.列名=B.列名
```

【例6-7】使用右外连接查询所有业主及其对应的房号信息。

```
USE ESTATEMANAGE
SELECT FROM HouseOwner AS a RIGHT JOIN BuildingInfo AS b ON a.OwnerId=b.OwnerId
```

（3）全外连接，其语法格式如下：

```
SELECT 列名列表 FROM 表名1 AS A FULL[OUTER]JOIN 表名2 AS B ON A.列名=B.列名
```

【例6-8】使用全外连接查询所有楼房信息和所有业主信息的对应情况。

```
USE ESTATEMANAGE
SELECT FROM HouseOwner AS a FULL JOIN BuildingInfo AS b ON a.OwnerId=b.OwnerId
```

（4）自连接。连接操作不仅可以在不同的表间进行，也可以在同一张表内进行自身连接，即将同一个表的不同行连接起来。自连接可以看作一张表的两个副本之间的连接。表名在FROM子句中出现两次，必须对表指定不同的别名，在SELECT子句中引用的列名也要使用表的别名进行限定，使之在逻辑上成为两张表。

【例6-9】在物业信息数据库EstateManage的tenement表中查询和"张维娟"在同一楼号的所有其他女业主的个人信息。

```
USE ESTATEMANAGE
SELECT B.*
FROM tenement A, tenement B
WHERE A.sex='女' AND A.sid= B.sid AND B.name<>'张维娟' AND A.sid=B.sid
```

运行结果如图6-3所示。

	TenementId	sid	OwnerId	name	sex	WorkOrg	ID	Mobile	photo
1	Z002	h2	Y002	李坤	女	贝尔公司	340501199201011002	13910101231	1900-0
2	Z003	h3	Y003	游观喜	男	保护伞医药公司	340711199609031123	13144700029	1900-0
3	Z004	h3	Y004	贝拉·克拉特夫	女	黑水公司	340822189912334552	18234453345	1900-0

图6-3 查询和"张维娟"在同一楼号的所有其他女业主的个人信息

三、嵌套查询

在SQL中，一个SELECT...FROM...WHERE语句称为一个查询块。将一个查询块嵌套在另一个查询块的WHERE子句或HAVING子句的条件中的查询称为子查询。子查询总是写在圆括号中，可以用在使用表达式的任何地方。上层的查询块称为外层查询或父查询，下层查询块称为内查询或子查询。SQL允许多层嵌套查询。即一个子查询中还可以嵌套其他子查询。

嵌套子查询的执行不依赖于外部嵌套，其一般的求解方法是由里向外处理，即每个子查询在上一级查询处理之前求解，子查询的结果用于建立其父查询的查找条件。

1. 比较测试中的子查询

比较测试中的子查询是指父查询与子查询之间用比较运算符进行连接。但是用户必须确切地知道子查询返回的是一个单值，否则数据库服务器将报错。返回的单个值被外部查询的比较操作（如 =、！=、<>、<、<=、>、>=）使用，该值可以是子查询中使用聚合函数得到的值。

【例6-10】搜寻购买了车库号为001的业主的编号。

```
USE ESTATEMANAGE
  SELECT Carbarn.Ownerid
  FROM Carbarn
  WHERE Ownerid IN( SELECT Ownerid FROM Carbarn WHERE CarbarnId='001'
                  ( SELECT CarbarnId
                  FROM Carbarn
                  WHERE CarbarnId= '001'))
```

【例6-11】在tenement表中查询和"张维娟"业主在同一栋楼的所有其他女业主的个人信息。

```
USE ESTATEMANAGE
SELECT *
FROM tenement
WHERE sex= '女' AND sid IN
```

2. 集合成员测试中的子查询

集合成员测试中的子查询是指父查询与子查询之间用IN或NOT IN进行连接，判断某个属性列值是否在子查询的结果中，通常子查询的结果是一个集合。IN表示属于，即外部查询中用于判断的表达式的值与子查询返回的值列表中的一个值相等；NOT IN表示不属于。

【例6-12】查找购买了车库号为001的业主的姓名和房号。

```
USE ESTATEMANAGE
SELECT DISTINCT tenement.name,OwnerID
FROM tenement, Carbarn
WHERE Carbarn.CarbarnId= tenement.OwnerId IN(SELECT name FROM Carbarn WHERE
CarbarnId=001)
```

3. 批量比较测试中的子查询

（1）使用ANY关键字的比较测试。通过比较运算符将一个表达式的值或列值与子查询返回的一列值中的每一个进行比较，只要有一次比较的结果为TURE，则ANY测试返回TURE。

（2）使用ALL关键字的比较测试。通过比较运算符将一个表达式的值或列值与子查询返回的一列值中的每一个进行比较，只要有一次比较的结果为FALSE，则ALL测试返回FALSE。

ANY和ALL都用于一个值与一组值的比较，以">"为例，ANY表示大于一组值中的任意一个，ALL表示大于一组值中的每一个。比如，>ANY(1, 2, 3)表示大于1；而>ALL(1, 2, 3)表示大于3。

【例6-13】在HouseType表中查询实际面积大于最小建筑面积的房屋信息。

```
USE ESTATEMANAGE
SELECT *
```

```
FROM HouseType
WHERE Structurearea>ANY
(SELECT Structurearea FROM HouseType)
```

运行结果如图6-4所示。

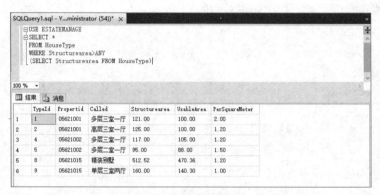

图 6-4　查询实际面积大于最小建筑面积的房屋信息

任务实施

视频 •·········

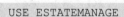

通过多表和嵌套等方法在物业管理数据库中查询某个业主的姓名、房号、电话等多种信息。

```
USE ESTATEMANAGE
SELECT name, HouseId, StayDate FROM BuildingInfo INNER JOIN
HouseOwner ON BuildingInfo.HouseId=tenement.TenementId
```

小　结

查询是数据库最重要的功能，可以用于检索和更新数据。在SQL Sever 2012中，SELECT语句是实现数据查询的基本手段，其主要功能是从数据库中查找出满足指定条件的记录。本单元主要介绍了SQL Server 2012数据表的多表查询方法和过程。具体要求掌握的内容如下：

➤ 模糊查询；
➤ 多表查询；
➤ 嵌套查询。

实　训

一、实训目的

1. 练习SELECT语句的嵌套和相关查询应用。
2. 进一步熟悉SQL语句的强大查询功能。

二、实训内容

基于物业管理数据库，参考本单元的SQL操作实例，实现数据的嵌套查询功能。

三、实训步骤

1. 利用SELECT语句的嵌套查询数据库中两个表中的数据。

2. 利用SELECT语句的嵌套查询数据库中两个以上表中的数据。

3. 利用SELECT进行相关查询。

四、实训报告要求

1. 实训报告分为实训目的、实训内容、实训步骤、实训心得4部分。

2. 把相关的语句和结果写在实训报告上。

3. 写出详细的实训心得。

习　题

一、填空题

1. 用SELECT进行模糊查询时，可以使用LIKE或NOT LIKE匹配符，但要在条件值中使用_____或_____等通配符配合查询。

2. 连接查询包括_____、_____、_____、_____、_____和_____。

3. 当使用子查询进行比较测试时，其子查询语句返回的值是_____。

二、选择题

1. 假设数据表test1中有10行数据，可获得最前面两条数据行的命令为（　　　）。

　　A. SELECT 2 * FROM test1　　　　　　B. SELECT TOP 2 * FROM test1

　　C. SELECT PERCENT 2 * FROM test1　　D. SELECT PERCENT 20 * FROM test1

2. 关于查询语句中的ORDER BY子句使用正确的是（　　　）。

　　A. 如果未指定排序字段，则默认按递增排序

　　B. 数据表的字段都可用于排序

　　C. 如果在 SELECT 子句中使用 DISTINCT 关键字，则排序字段必须出现在查询结果中

　　D. 联合查询不允许使用 ORDER BY 子句

3. 下列聚合函数中正确的是（　　　）。

　　A. SUM(*)　　　　　B. MAX(*)　　　　　C. COUNT(*)　　　　　D. AVG(*)

4. 在SQL中，与NOT IN等价的操作符是（　　　）。

　　A. =SOME　　　　　B. <>SOME　　　　　C. =ALL　　　　　　D. <>ALL

5. 在SQL中，SELECT语句的完整语法较复杂，但至少包括（　　　）部分。

　　A. SELECT、INTO　　　　　　　　　　B. SELECT、FROM

　　C. SELECT、GROUP　　　　　　　　　D. 仅SELECT

三、简答题

1. 什么是子查询？子查询包含哪几种情况？

2. LIKE可以与哪些数据类型匹配使用？

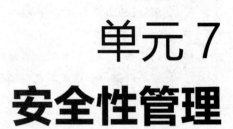

单元 7
安全性管理

物业管理系统中，存储着用户的重要信息，因此数据库的安全性至关重要。如果数据被非法用户读取或者破坏，将对物业公司和业主造成极大的危害。SQL Server 的安全性管理，主要是指允许那些具有相应的数据访问权限的用户能够登录并实施各种权限范围内的操作，同时拒绝所有非授权用户的非法操作。通过添加不同的用户，并分配不同的角色或权限，可以使得数据库系统的安全性大大增加。

学习目标

➤了解SQL Server安全性管理的层次；

➤掌握登录名和用户名的基本概念；

➤掌握T-SQL创建登录名和用户名的方法；

➤掌握角色、权限的基本概念；

➤掌握T-SQL管理角色、权限的方法。

具体任务

➤任务1　添加用户

➤任务2　不同权限用户界面设计

任务 1　添加用户

任务导入

物业管理系统，有不同的用户使用，在用户操作过程中，往往会涉及对数据库EstateManage的数据进行查询、修改和删除操作，这些操作对于某些用户来说是允许的，对于其他用户来说是非法操作。如案例中的物业管理系统，就有系统管理员、小区管理员等不同身份的访问者，为了区分这些不同的用户，需要为数据库添加不同的用户，并分配不同的操作权限，保障系统的安全。

知识技能准备

一、安全性管理基础概念

1．登录名和数据库用户的概念

用户想要访问SQL Server 中EstateManage数据库中的数据，需要在管理员预先设置好权限的前提下，得在数据库上有账户（用户名），在SQL Server服务器上有账户（即登录名），在登录SQL Server 服务器时，使用对应的登录名和密码实现认证。还必须有要访问的具体数据库的权限，对数据库对象（如表、视图等）进行权限内的具体操作，通常是通过角色分配实现的。

因此，要在数据库中添加不同用户，要从两个方面操作：

（1）服务器级别添加登录名。

（2）数据库级别添加数据库用户，还要指定这两者之间的映射关系。

SQL Server 2012整个安全体系结构分为"认证"和"授权"两部分，其安全性管理分为服务器、数据库、数据库对象三个级别，通过分层管理最大限度保障数据库服务器的安全。

假设SQL Sever 2012服务器是一座大楼，大楼中的房间就是这个SQL Server服务器中的具体数据库。登录名可以理解为进入整个大楼的钥匙，用户名可以理解为一个房间的钥匙。有了大楼的钥匙，我们可以对大楼进行一些管理，比如增加房间或者减少房间；而有了房间的钥匙，我们只可以在对应的房间里面进行操作。因此，SQL Server用户如果要对数据库进行进一步操作，需要去设置数据库用户。

2．登录名验证方式

SQL Server 2012提供了两种登录验证模式：Windows身份验证模式和混合身份验证模式。Windows身份验证模式就是采用操作系统本身的安全机制来验证，只要用户通过了Windows身份验证，就可以直接登录SQL Server 服务器，这是SQL Server 默认的身份验证模式，安全性比混合身份验证模式要高。

Windows身份验证模式的优点：数据库管理员的工作可以集中在数据管理上，而不是管理用户账户。Windows本身提供了各种账户管理工具，可以设定密码期限等，这些是SQL Server 2012本身不具备的。

混合身份验证模式允许以SQL Server或者Windows身份验证进行验证，具体采用哪种模式取决于是否是可信连接。对于可信连接，系统直接采用Windows身份验证机制；而非可信连接，SQL Server 会自动通过账户的存在性和密码的匹配性进行验证。

例如，如果不是Windows操作用户，也想要使用SQL Server 2012数据库，就可以使用SQL Server 身份验证模式，输入正确的登录名和密码完成身份验证。

3．数据库用户

数据库用户是在数据库级别的安全性管理对象，它是管理数据库对象的主体。它和登录名属于不同级别的"账号"。一个数据库用户只能映射到一个登录名，但是一个登录名可以映射到不同数据库中的用户。

以登录名登录SQL Server后，在访问各个数据库时，SQL Server会自动查询此数据库中是否存在与此登录名关联的用户名，若存在就使用此用户的权限访问此数据库，若不存在就使用guest用户访问此数据库或者拒绝访问。出于安全性考虑，guest 用户通常处于禁用状态。

4．架构（schema）

数据库架构是一个独立于数据库用户的非重复命名空间。可以将其看作对象的容器。SQL Server数据库对象完整的标识符包含4部分：服务器.数据库.架构.对象。如果不指定架构，为了和之前SQL Server 2000版本兼容，则使用dbo（即数据库拥有者）架构。

在数据库中可以创建和更改架构，一个架构只能有一个拥有者，并且可以授予用户访问架构的权限。对于规模比较大，业务比较复杂的系统，建议使用架构区分，共用的数据，架构可以设为dbo。使用架构的好处是：可以解决删除数据库用户造成的问题。例如，拥有该对象的用户离开公司，或离开该职务时，不必大费周章地更改该用户所有对象属于新用户所有。在单一数据库内，不同部门或目的对象，可以通过架构区分不同的对象命名原则与权限。

在本任务中，由于数据表格相对较少，因此没有采用架构设计，采用了通用的dbo架构。

二、使用 SSMS 创建登录名和数据库用户

登录名是登录服务器的账户，在"对象资源管理器"窗口中展开"安全性"→"登录名"节点，可以看到所有的登录名。双击想要查看的登录名，可以查看"属性"，如身份验证方式（Windows身份验证模式和混合身份验证模式）、服务器角色等细节。也可以根据实际工作的需要，创建登录名验证不同的身份。

说明：名称由"##"开头的登录名是基于证书的SQL Server登录名，仅供内部系统使用，不应该删除。

【例7-1】创建Windows用户zywygl，并为SQL Server服务器创建基于zywygl的Windows身份验证的登录名。

操作步骤：

（1）选择"开始"→"控制面板"→"管理工具"→"计算机管理"，右击"本地用户和组"，在弹出的快捷菜单中选择"新用户"命令。输入用户名：zywygl，设置密码，选择"密码永不过期"，完成Windows新用户的创建。

（2）在"对象资源管理器"窗口中展开"安全性"→"登录名"节点，右击登录名，在弹出的快捷菜单中选择"新建登录名"命令，打开的界面如图7-1所示。

（3）选择"常规"选择页，默认的验证方式是Windows身份验证，需要输入登录名。单击"搜索"按钮，弹出"选择用户或组"对话框，单击"高级"→"立刻查找"，将Windows用户名zywygl作为登录名，如图7-2所示。

【例7-2】创建SQL Server身份验证模式登录名，名称为"sqlserver2012"，密码是"12345"。

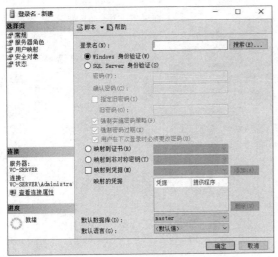

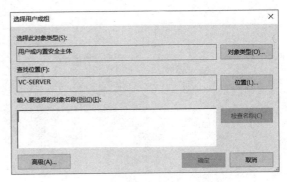

图 7-1　SSMS 方式新建登录名　　　　　图 7-2　"选择用户或组"对话框

操作步骤：

（1）在"对象资源管理器"窗口中展开"安全性"→"登录名"节点，右击登录名，在弹出的快捷菜单中选择"新建登录名"命令。

（2）选择"常规"选择页，输入登录名"sqlserver2012"，验证方式选择"SQL Server身份验证"，输入密码和确认密码"12345"。

说明：当登录名设置完成后，仅仅是进入了SQL Server服务器，并没有访问数据库的权限，如图7-3所示。只有设置数据库用户名，才可以进入到数据库中访问。

图 7-3　无法访问服务器中的数据库

用户是数据库级别安全主体。SQL Server把登录名与用户名的关系称为映射。"用户"是一个或者多个登录名在数据库中的映射，登录名必须映射到数据库用户才能连接到数据库。一个登录名可以作为不同用户映射到不同的数据库，但在每个数据库中只能作为一个用户进行映射。

【例7-3】创建EstateManage数据库用户xiaoqu，基于登录名xiaoqu。

操作步骤：

（1）在"对象资源管理器"窗口，展开"数据库"→"登录名"节点。

（2）展开EstateManage数据库，展开"安全性"→"用户"，可以看到当前的数据库用户。

（3）右击"用户"，在弹出的快捷菜单中选择"新建"→"新建用户"命令，打开图7-4所示界面。

图 7-4　新建数据库用户

（4）在"数据库用户－新建"界面的"常规"选择页中，从"用户类型"下拉列表中选择以下用户类型之一："带登录名的 SQL 用户""不带登录名的 SQL 用户""映射到证书的用户""映射到非对称密钥的用户""Windows 用户"。

说明：如果从"用户类型"下拉列表中选择"映射到证书的用户"，则需要在"证书名称"文本框中输入要用于数据库用户的证书。或者，单击省略号（…）按钮，弹出"选择证书"对话框。如果从"用户类型"下拉列表中选择"映射到非对称密钥的用户"，则需要在"非对称密钥名称"文本框中输入要用于数据库用户的密钥。或者，单击省略号（…）按钮，弹出"选择非对称密钥"对话框。

这两种类型的数据库用户都需要有数字证书认证。而在Windows系统中，数字证书的安装需要安装IIS，通过电子商务认证授权机构（Certificate Authority，CA）下载数字证书，通过数字证书获得公钥等。

数字证书和非对称密钥主要用于透明数据加密（TDE）。所谓的透明数据加密，就是加密在数据库中进行，但从程序的角度来看就好像没有加密一样，使用TDE加密的数据库文件或备份在另一个没有证书的实例上是不能附加或恢复的。

（5）从"用户类型"下拉列表中选择"带登录名的 SQL 用户"，在"登录名"文本框中输入用户的登录名zywygl。或者，单击省略号（…）按钮，弹出"选择登录名"对话框，如图7-5所示。

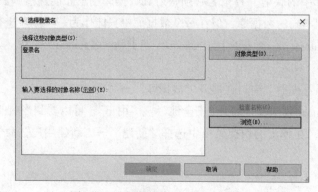

图 7-5　选择数据库用户相关登录名

（6）在"默认架构"文本框中指定此用户创建对象所属的架构，或者，单击省略号（…）按钮，弹出"查找对象"对话框，如图7-6所示。如果不做选择，则SQL Server自动选择默认的dbo架构。

至此，有了数据库用户的身份后，用户可以进入到数据库中，如图7-7所示，但还没有看到数据表，因为还没有设置更详细的安全对象权限。

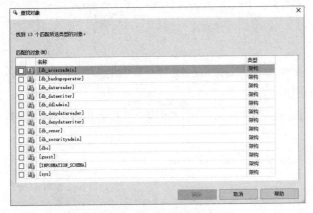

图7-6 选择默认的架构

图7-7 进入到数据库

三、使用 T-SQL 创建登录名和数据库用户

1. 创建登录名

Windows验证登录名语法格式：

```
CREATE LOGIN[<domainName>\<loginName>]FROM WINDOWS;
```

SQL Server验证登录名语法格式：

```
CREATE LOGIN <login_name> WITH PASSWORD='<Password> '
```

【例7-4】创建Windows身份验证的登录名，使用对应的Windows账户，如果没有需要提前创建。

操作步骤：

（1）确定计算机名称和Windows管理员账户名称，如果没有需要为此登录名创建适合的Windows账户，选择"计算机管理"→"本地用户和组"，创建一个合适的Windows账户。如笔者的计算机名为，VC-SERVER，默认账户为Administrator。

（2）执行以下语句：

```
CREATE LOGIN [VC-SERVER\Administrator] FROM WINDOWS
```

【例7-5】创建SQL Server身份验证模式的登录名，名称为"sqlserver2012"，密码是"12345"。

操作步骤：

执行以下语句即可。

```
CREATE LOGIN sqlserver2012 WITH PASSWORD='12345 '
```

修改登录名的语法格式为ALTER LOGIN <login_name> WITH '<set_option>'。

set_option为修改选项，主要包括：

```
<PASSWORD='password'>  --仅适用于SQL Server登录名，更改登录的密码
<NAME =login_name>      --重命名登录的新名称
```

2. 创建数据库用户名

基本语法格式：

```
CREATE USER <new user name>[FOR LOGIN <login name>|WITHOUT LOGIN]
[WITH DEFAULT_SCHEMA=<schema_name>]
```

参数说明：

➤ FOR LOGIN <login name>：指定要关联的登录名，login name必须是有效的服务器登录名。

➤ WITHOUT LOGIN：不映射到登录名的用户。

➤ WITH DEFAULT_SCHEMA=<schema_name>：指定默认的用户架构，若没有设置，则默认架构为dbo。

【例7-6】创建test数据库用户：带登录名sqlserver2012的用户mary。

操作步骤：

```
use test
create user mary for login sqlserver2012
go
```

说明：

（1）修改数据库用户的基本语法格式：

```
ALTER USER <new user name> WITH <修改项目>
```

（2）删除数据库用户的基本语法格式：

```
DROP USER <username>
```

任务实施

视频

素材

为了增强数据库系统的安全性，物业系统管理采用Windows身份验证方式，而其他数据库用户则采用SQL Server验证模式。为了方便管理，EstateManage数据库用户名和SQL Server服务器登录名取相同的名称。

（1）创建基于Windows身份验证的登录名和数据库用户（通常是系统管理员，名称为zywygl）。

① 在服务器上创建基于Windows身份验证的登录名：zywygl。

```
CREATE LOGIN[VC-SERVER\zywygl]FROM WINDOWS
```

② 创建EstateManage数据库用户：带登录名[VC-SERVER \ zywygl]的用户zywygl。

```
use EstateManage
create user zywygl for login[VC-SERVER\zywygl]
go
```

（2）使用SQL Server验证模式，创建其他EstateManage数据库用户，如表7-1所示，用来区分不同的使用者。

表 7-1 SQL Server 验证模式数据库用户

SQL Server 登录名	密码	默认数据库	数据库用户
xiaoqu	888888	EstateManage	xiaoqu
zhuhu	111111	EstateManage	zhuhu
shoufei	222222	EstateManage	shoufei
yezhu	666666	EstateManage	yezhu

以创建xiaoqu用户举例说明，其他用户不再赘述。

① 创建SQL Server身份验证模式的登录名。

```
CREATE LOGIN xiaoqu with password="888888"
```

② 创建对应的EstateManage数据库用户：

```
use EstateManage
create user xiaoqu for login xiaoqu
go
```

任务 2 不同权限用户界面设计

任务导入

在数据库管理中，经常出现多个用户拥有同样的操作权限。为了简化权限管理工作，避免逐一为用户分配同样的权限，数据库管理员一般要设计几个不同权限的角色，并为之设置详细的操作权限。再把角色分配给数据库用户。

在物业管理系统中，设计了4种不同的管理权限，分别有不同的操作界面，而SQL Server数据库系统的用户数目却不止4个。为了进一步保障系统的安全性，数据库管理员可以先设计几个不同权限的角色，再把这些角色分配给数据库用户，如表7-2所示。

表 7-2 数据库角色表

角 色 名	对 应 职 务	功 能
role_zhuhu	住户信息管理员	维护业主及住户信息
role_shoufei	收费管理员	负责收费管理
role_xiaoqu	小区管理员	负责小区信息资料
roel_yezhu	业主	对住户情况和收费情况进行查询

这些角色需要对数据库中的安全对象进行精确分配权限，才可以保障数据库的安全。

⊕ 知 识 技 能 准 备

一、权限和角色的概念

1. 权限

权限用来指定授权用户可以使用的数据库对象，以及可以对这些对象执行的操作。从安全对象的角度来看待权限，SQL Server 包含3种类型的权限：默认权限、对象权限和语句权限。

默认权限：指系统安装以后，固定的服务器角色、数据库角色和数据库对象拥有者等主体不必授权就有的权限。例如，用户甲创建了一张数据表，他是这张表的拥有者，于是不必赋予权限，他就自动具有了修改、删除、查看这张表的所有权限。

对象权限：对象权限是数据库级别上用户的访问和操作权限。对象包括表、视图、存储过程等。它决定了用户能对表进行哪些操作。如果用户要对某个对象进行操作，他必须要有相应的操作权限。例如，某个用户要成功修改表中数据，则前提条件是他已经被赋予表的UPDATE权限。

语句权限：指用户是否有权限执行某一个语句，如创建数据库、表、存储过程等。

权限既可以授予数据库角色，也可以授予数据库用户，设置可以从两个方面进行：

➢ 从用户或角色的角度——即一个用户或角色对哪些对象有哪些操作权限；

➢ 从对象的角度——即一个对象允许哪些用户或角色执行什么操作。

2. 角色

为了方便管理数据库中的权限，SQL Server 提供了"角色"，它们类似于Windows操作系统中的"组"。利用角色，管理员只需要将多个用户设置成某个角色，而不必对每个用户都重新进行一次权限设置，大大减少了重复的工作。SQL Server 提供了管理预定义的服务器角色和数据库角色，用户还可以自己创建灵活的角色。

SQL Server 提供了三种类型的数据库角色：固定服务器角色、固定数据库角色、应用程序角色。

1）固定服务器角色

固定服务器角色是微软提供的作为系统一部分的角色，是服务器级别的主体，它们的作用范围是整个服务器。固定服务器角色已经具备了执行指定操作的权限，可以把其他登录名作为成员添加到固定服务器角色中，这样该登录名可以继承固定服务器角色的权限。

表7-3所示列出了所有现有的固定服务器角色。

表 7-3　固定服务器角色

固定服务器角色	说　　　明
sysadmin	执行 SQL Server 中的任何动作
serveradmin	配置服务器设置
setupadmin	安装复制和管理扩展过程
securityadmin	管理登录和 CREATE DATABASE 的权限以及阅读审计
processadmin	管理 SQL Server 进程

续表

固定服务器角色	说　　　明
dbcreator	创建和修改数据库
diskadmin	管理磁盘文件

2）固定数据库角色

固定数据库角色在数据库层上进行定义（见表7-4），因此它们存在于数据库服务器的每个数据库中。

表 7-4　固定数据库角色

固定数据库角色	说　　　明
db_owner	具有数据库所有操作权限的用户
db_accessadmin	可以添加、删除用户的用户
db_datareader	可以查看所有数据库中用户表内数据的用户
db_datawriter	可以添加、修改或删除所有数据库中用户表内数据的用户
db_ddladmin	可以在数据库中执行所有 DDL 操作的用户
db_securityadmin	可以管理数据库中与安全权限有关所有动作的用户
db_backoperator	可以备份数据库的用户（并可以发布 DBCC 和 CHECKPOINT 语句，这两个语句一般在备份前都会被执行）
db_denydatareader	不能看到数据库中任何数据的用户
db_denydatawriter	不能改变数据库中任何数据的用户

3）应用程序角色

应用程序角色是特殊的数据库角色，该角色基于所连接到数据库的应用程序，而不是拥有安全性的用户和用户组。应用程序角色不包含任何成员，在默认情况下是非活动的，必须在当前连接中激活才能发挥作用。激活方法是采用sp_setapprole启用应用程序角色，这个过程有密码，只有拥有正确密码的用户才能激活该角色。密码必须存储在客户端计算机上，并且在运行时提供；应用程序角色无法从 SQL Server 内激活。

二、使用 SSMS 管理角色和设置权限

权限是执行数据访问、操作的通行证。权限分为两种：数据库对象权限和数据库语句权限。数据库对象权限指的是授予数据库用户对表、视图、存储过程等对象的操作权。主要是：表和视图的insert、update、delete和select权限，以及存储过程的execute执行权限。数据库语句权限指的是用户分配数据库资源的权限，如create database、create table、create view、create default、create procedure（创建过程）、backup database（备份数据库）等权限。

从安全性角度和简化配置角度来说，向角色授予权限，再把角色分配给数据库用户，要比为单独的用户创建权限更为简单。下面主要介绍数据库对象操作权限的分配。

【例7-7】自定义EstateManage数据库的角色db_role_test，并分配角色给数据库用户mary。

操作步骤：

（1）在"对象资源管理器"窗口中展开"数据库"→EstateManage→"角色"节点。

（2）右击"数据库角色"，在弹出的快捷菜单中选择"新建数据库角色"命令。

（3）打开"数据库角色–新建"窗口，输入角色名称db_role_test、所有者（默认是dbo），指定此角色拥有的架构，添加该角色的成员mary，如图7-8所示。

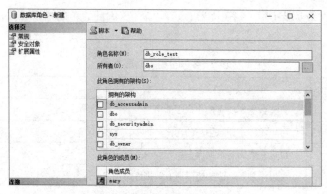

图 7-8　　"数据库角色 – 新建"窗口

分配角色db_role_test给数据库用户mary以后，mary将得到角色db_role_test的权限。若有相同权限的数据库用户，只需要分配同样的角色即可。

【例7-8】为数据库用户jack（基于登录名jack）设置数据库操作权限：对数据表UserPayment的查看和增加权限。

操作步骤：

（1）为数据库对象用户jack设置权限，右击数据库对象用户，在弹出的快捷菜单中选择"属性"命令，选择要授予的安全对象（如表、视图、存储过程等），如图7-9所示，这里选择"表"。

（2）在"安全对象"选项卡中，单击"搜索"按钮，弹出"添加对象"对话框，选择对象，单击"对象类型"按钮，弹出"选择对象类型"对话框，选择合适的安全对象，如数据库和数据表，如图7-10所示。

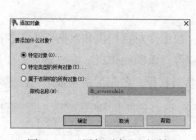

图 7-9　"添加对象"对话框

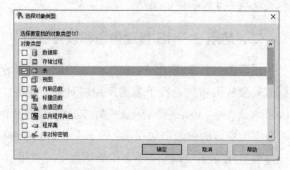

图 7-10　"选择对象类型"对话框

（3）选择具体的安全对象，如UserPayment表，则下方显示有哪些可以操作的权限，根据需要进行选择，这里授予"查看定义"和"插入"权限，如图7-11所示。

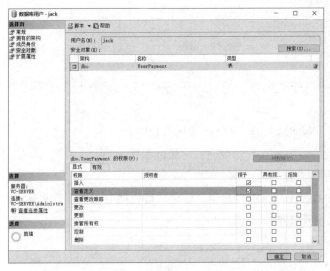

图 7-11　授予用户权限

三、使用 T-SQL 管理角色和设置权限

1. 角色管理

（1）服务器角色基本语法格式：

```
sp_addsrvrolemember <login_name>, <rolename>      --添加固定服务角色成员
sp_dropsrvrolemember <login_name>, <rolename>     --删除固定服务角色成员
```

参数说明：

➢ <login_name>：必须是有效的登录名。

➢ <rolename>：服务器角色名。

（2）数据库角色基本语法格式：

```
CREATE ROLE  <rolename>,[AUTHORIZATION owner_name]      --创建角色
DROP ROLE  <rolename>                                   --删除角色
```

参数说明：

➢ rolename：待创建的角色名称。

➢ owner_name：将拥有新角色的数据库用户或角色，如果未指定，则执行Create ROLE语句的数据库用户将拥有此角色。

【例7-9】为EstateManage数据库创建角色visitRole。

执行以下语句即可。

```
use EstateManage
  CREATE ROLE visitRole
go
```

2．设置权限

（1）GRANT授予权限：

基本语法格式：

```
GRANT  <permission> ON <object> TO <user/role>[WITH GRANT OPTION]
```

参数说明：

➤ Permission：授予权限的组合，ALL代表所有权限。

➤ Object：被授权的对象（如表、视图、存储过程等）。

➤ User：被授权的用户或角色。

➤ [WITH GRANT OPTION]：指定此句，则用户可以把获得的权限再转授给别的用户，没有则只能使用该授权，不得转授。

（2）DENY拒绝权限：

```
DENY <permission> ON <object> TO <user/role>
```

参数含义同GRANT。

（3）REVOKE回收权限：

```
REVOKE <permission> ON <object> TO <user/role>[RESTRIC|CASCADE]
```

参数说明：

CASCADE：表示回收授权要引起连锁回收，当收回授权时，则被转授出去的也要一起回收。

RESTRIC：表示当不存在连锁回收时，才可以回收授权，否则拒绝回收。

【例7-10】对EstateManage数据库角色visitRole，拒绝授予创建数据表和查询数据表tenement的权限。执行以下语句即可。

```
use EstateManage
 Deny CREATE TABLE TO visitRole
 Deny SELECT ON tenement TO visitRole
go
```

任务实施

使用4个数据库角色和1个固定服务器角色完成本任务。

步骤1：在物业管理系统中，为数据库创建4个不同的角色：住户信息管理员、收费管理员、小区管理员、业主，并为角色授权数据库对象权限，如查询、修改等。再把角色分配给数据库用户。

（1）角色role_zhuhu：PropertyInfo业主信息表、tenement住户信息表。

```
USE[EstateManage]
GO
CREATE ROLE role_zhuhu
--授权角色的操作
grant select,update,delete,insert on PropertyInfo  to role_zhuhu;
grant select,update,delete,insert on tenement    to role_zhuhu;
```

```
--分配角色给用户
execute sp_addrolemember role_zhuhu,zhuhu
```

（2）角色role_shoufei：收费管理UserPayment。

```
USE[EstateManage]
GO
create role  role_shoufei;
grant select,update,delete,insert on UserPayment  to role_shoufei;
execute sp_addrolemember role_shoufei,shoufei
```

（3）角色role_xiaoqu：负责小区管理，如PropertyInfo物业信息表、Facility物业设施等。

```
create role role_xiaoqu;
grant select,update,delete,insert on PropertyInfo  to role_xiaoqu;
grant select,update,delete,insert on Facility   to role_xiaoqu;
grant select,update,delete,insert on HouseType to role_xiaoqu;
execute sp_addrolemember role_xiaoqu,xiaoqu
```

（4）角色role_yezhu：主要查询住户信息和收费信息。

```
create role role_yezhu;
grant select on View_HouseInfoOwnerTenement to role_yezhu;
grant select on View_HousePay to role_yezhu;
execute sp_addrolemember role_yezhu,yezhu
```

说明： 只能查看表格部分列信息，可以通过视图实现，提前准备好视图。

步骤2： 固定数据库角色db_owner，将此角色分配给系统管理员用户zywygl。

```
EXECUTE sp_addrolemember db_owner,zywygl
```

步骤3： 使用不同的身份登录到数据库。

（1）业主登录数据库，为了保障数据安全性，只能对视图表进行查询，不能直接对数据表进行查询和修改，如图7-12所示。

（2）住户管理员登录数据库可以查看到已经被授权的数据表，如图7-13所示。

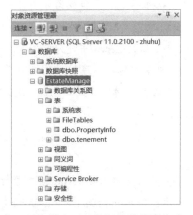

图7-12　业主可以访问的数据库内容　　　　图7-13　住户可以访问的数据库内容

（3）收费管理员进入SQL Server服务器的界面，如图7-14所示。

（4）小区管理员进入SQL Server服务器的界面，如图7-15所示。

图7-14 收费管理员的数据库内容

图7-15 小区管理员的数据库内容

小　结

本单元主要介绍了SQL Server数据库安全相关的概念，并对数据库进行了权限设置。具体要求掌握的内容如下：

➢ SQL Server数据库安全管理层级；

➢ 登录名的创建、修改和删除；

➢ 用户管理，数据库用户的创建、修改和删除；

➢ 角色管理，固定服务器、固定数据库角色的管理；

➢ 权限管理，包括使用GRANT授予权限、使用DENY拒绝权限、使用REVOKE取消权限。

实　训

1. 数据库登录名和数据库用户实验。

（1）创建一个数据库StuInfo，其中只包含一张学生表Student(学号, 姓名, 性别, 籍贯)。

（2）在SQL Server中建立账户A，在数据库StuInfo中建立与A对应的用户Tony。

2. 学生信息数据库StuInfo权限设置。

（1）在数据库StuInfo中与A对应的用户Tony、Bob，Tony可以对Student表进行查询操作，写出赋予权限的命令。

（2）创建数据库角色manager，并赋予对Student表进行增加、删除、修改操作的权限，写出命令。

（3）禁止用户Bob对Student表进行删除操作，写出此命令。

提示：使用grant/deny...on...to语句。

习　题

一、填空题

1. SQL Server实例的登录有两种验证模式：_____和_____。

2. SQL中的权限管理关键字是：授予权限GRAND、拒绝权限_____和回收权限_____。

3. SQL Server服务器登录账户默认的数据库角色为_____。

二、简答题

1. SQL Server 2012中提供了哪几种类型的角色？角色和用户是什么关系？

2. 用户访问数据时要经过哪几个安全阶段？

3. 写出创建SQL Server验证模式用户Tony、密码"for@_check"、赋予数据库StuInfo中表Student的查询权限的语句。

单元 8

增加测试数据和事务控制

本单元将简单介绍T_SQL语句的基础知识，包括变量、流程控制、函数的应用等，来实现用T-SQL增加测试数据。另外通过"用户信息更改"模块的事务管理，来验证物业管理系统逻辑数据的一致性与可恢复性。

知识目标

➤掌握T-SQL逻辑表达式、函数和运算符的使用；

➤掌握向表中增加数据和修改数据的方法；

➤掌握事务的基本概念；

➤掌握自定义事务的方法。

具体任务

➤任务1　T-SQL增加测试数据

➤任务2　"用户信息更改"模块

任务 1　T-SQL 增加测试数据

任务导入

在创建完成物业管理系统的数据库和数据表之后，作为管理员须进一步加入、维护测试数据。为了方便快速地增加数据，这里选择用T-SQL增加测试数据。使用INSERT语句可为用户表添加一行数据，使用循环控制可添加n条记录。如果一万行数据都一样，则意思不大。因此，要使用随机函数，产生不同的数据。在这个任务中，考虑单表添加数据和相关表格添加数据两种情形。

知识技能准备

一、T-SQL 的运算符和表达式

运算符是一个符号，用来指定在一个表达式中执行某种操作。表达式是符号和运算符的组合，用来计算数据库中的值。T-SQL 的运算符包括算术运算符、比较运算符、逻辑运算符、通配符、赋值运算符和字符串连接运算符。

（1）赋值运算符：等号（=）是唯一的赋值运算符。

（2）算术运算符：对两个表达式进行数学运算。常见的算术运算符有+（加法）、-（减法）、*（乘法）、/（除法）、%（取余）。

（3）逻辑运算符：对某些条件进行测试，以获得真实情况，其返回值为 TRUE 或者 FALSE。常见逻辑运算符如表8-1所示。

表 8-1　常见逻辑运算符

运 算 符	含 义
AND	连接两个条件，并且仅当两个条件都为真时才返回 true
OR	连接两个条件，但只要其中任意一个为真就返回 true
NOT	否定运算符。比如 NOT EXISTS、NOT BETWEEN、NOT IN 等
BETWEEN…AND	用于在给定最小值和最大值范围内的一系列值中搜索值
EXISTS	用于在满足一定条件的指定表中搜索行的存在
IN	用于把某个值与一系列指定列表的值进行比较
LIKE	把某个值与使用通配符运算符的相似值进行比较
ALL/SOME/ANY	用于判断表达式和子查询之间的值的关系

（4）通配符。在搜索数据库中的数据时，SQL通配符可以替代一个或多个字符。SQL通配符必须与 LIKE 运算符一起使用。通配符如表8-2所示。

表 8-2　通配符

通 配 符	含 义
_	仅替代一个字符
%	替代一个或多个字符
[charlist]	字符列中的任何单一字符
[^charlist] 或 [!charlist]	不在字符列中的任何单一字符

【例8-1】从 HouseOwner（业主信息表）中，查询所有姓"张"的业主信息。

执行以下语句：

```
SELECT * FROM HouseOwner WHERE name LIKE '张%'
```

（5）连接运算符。连接运算符"+"用于将两个或者两个以上的字符串连接在一起。

二、常用函数

同其他编程语言一样，T-SQL也提供了大量的内置函数完成某些特定功能的程序。用户可以使用这些函数，也可以自己定义函数。下面对一些常见的函数进行介绍。

1. 聚合函数

聚合函数对一组值进行计算并返回单个值，通常与SELECT语句的GROUP BY子句一同使用。常见聚合函数如表8-3所示。

表8-3 聚合函数

函 数 名	功 能
COUNT	返回一个列中所有非空值的个数
SUM	返回所有非空值的总和
AVG	返回所有非空值的平均值
MAX	返回所有非空值的最大值
MIN	返回所有非空值的最小值

2. 日期时间函数

常见日期时间函数如表8-4所示。

表8-4 日期时间函数

函 数 名	功 能
DATEADD(\<datepart>, \<number>, \<date>)	对日期进行指定类型及数值的相加
DATEDIFF(\<datepart>, \<startdate>, \<enddate>)	返回两个日期之间的差
DATEPART(\<datepart>, \<date>)	返回日期指定部分的整数
GETDATE( )	返回系统当前日期与时间
DAY(\<date>)	返回日期的日部分
MONTH(\<date>)	返回日期的月部分
YEAR(\<date>)	返回日期的年部分

【例8-2】查询所有用户缴费表（User_payment）中未缴费（PaymentDate字段为空），且当前日期距离到期日（DueDate字段）大于10天的所有记录。

执行以下语句：

```
SELECT * FROM User_payment
WHERE DATEDIFF(day,Duedate,getdate())>10 and[PaymentDate]is null
```

说明：这里使用了DATEDIFF函数，返回日期之间的天数差。第一个参数值还可以取值yy（年）、mm（月）、wk（周）、hh（小时）、mi（分钟）、ss（秒）。

3. 数据类型转换函数

常见数据类型转换函数如表8-5所示。

表 8-5 数据类型转换函数

函 数 名	功 能
CAST(\<expression\> AS \<data_type\>)	将某种数据类型表达式转换成另一种数据类型
CONVERT(data_type, expression[,style])	将某种数据类型表达式转换成另一种数据类型

4. 字符串函数

常见字符串函数如表8-6所示。

表 8-6 字符串函数

函 数 名	功 能
Len(s)	返回参数中的字符串长度
Lower(s)	将字符串转换成小写
Upper(s)	将字符串转换成大写
Ltrim(s)	清空字符串左边的空格
Rtrim(s)	清空字符串右边的空格
Left(s,n)	从字符串左边返回指定数目的字符串
Right(s,n)	从字符串右边返回指定数目的字符串
Replace(s,s1,s2)	将字符串 s 中的 s1 替换成 s2
Substring(s,n1,n2)	从字符串 s 中返回从 n1 开始，长度为 n2 的子字符串
CharIndex(s1,s2,n)	返回 s1 在 s2 中出现的开始位置
Stuff(s1,n1,n2,s2)	将字符串 s1 从 n1 开始，长度为 n2 的部分删除，并在此位置插入字符串 s2

【例8-3】使用字符串substring( )函数和随机函数，随机产生姓名。

分析：首先定义姓名的集合，使用3个集合（姓集合、名集合1、名集合2）。接着使用@LN_N、@MN_N、@FN_N表示3个集合的长度（这样可以随时修改集合内容）。使用随机函数和substring( )函数：用来从字符串中截取子串，这里用来随机生成姓名中的一个字符，使得姓名更加真实。进行组合即可。

执行以下语句：

```
--以下定义了姓集合、名集合1、名集合2字符串和它们对应的长度值
DECLARE @LN VARCHAR(300),@MN VARCHAR(200),@FN VARCHAR(200)
DECLARE @LN_N INT,@MN_N INT,@FN_N INT
--自定义了姓集合，使结果更接近实际姓名，内容可以根据需要调整
SET @LN='李王张刘陈杨黄赵周吴徐孙朱马胡郭林何高梁郑罗宋谢唐韩曹许邓萧冯曾程蔡彭潘袁于董余
苏叶吕魏蒋田杜丁沈姜范江傅钟卢汪戴崔任陆廖姚方金邱夏谭韦贾邹石熊孟秦阎薛侯雷白龙段郝孔邵史毛
常万顾赖武康贺严尹钱施牛洪龚'
--名集合1,代表常见的中间字，内容可以根据需要调整
```

```
SET  @MN='德绍中嘉泽邦裕家谦昌世一子紫梓孝友继如定呈祥大正启仕执必定仲元学生先宇远永盛在婉
修为遥凌风树秀文光谨潭思旺'
--名集合2，代表常见的名尾字，内容可以根据需要调整
SET  @FN='宣轩斌冰丽云峰磊亮宏红强超勇旗琪谋超涵磊蕾庆伟维兴新星莹影娜慧惠'
SET  @LN_N=LEN(@LN)              --姓集合的长度
SET  @MN_N=LEN(@MN)              --名集合1的长度
SET  @FN_N=LEN(@FN)              --名集合2的长度
DECLARE @TMP VARCHAR(1000)      --定义姓名类型
--获取姓字符（以下三个字符都可能存在获取不到的情况，因此姓名不一定都是3个字）
SET @TMP=CAST(SUBSTRING(@LN,CAST(RAND()*@LN_N AS INT),1)AS VARCHAR)
SET @TMP=@TMP+CAST(SUBSTRING(@MN,CAST(RAND()*@MN_N AS INT),1)AS VARCHAR)
--获取中间字
SET @TMP=@TMP+CAST(SUBSTRING(@FN,CAST(RAND()*@FN_N AS INT),1)AS VARCHAR)
--获取尾字
Print  @TMP
```

5. 数学函数

常见数学函数如表8-7所示。

表8-7 数学函数

函　数　名	功　　能
Abs(n)	返回表达式 n 的绝对值
Sqrt(n)	返回表达式 n 的平方根
Power(x, y)	返回 x 的 y 次方
Round(x, n)	将表达式 x 四舍五入的 n
Floor(x)	返回 <= 表达式的最小整数
Ceiling(x)	返回 >= 表达式的最小整数
RAND( )	返回从 0 到 1 之间的随机 float 值

【例8-4】使用随机函数，产生0~100之间的随机数。

执行以下语句：

```
SELECT RAND()*100
```

6. 系统函数

常见系统函数如表8-8所示。

表8-8 常见系统函数

函　数　名	功　　能
IsNull(<check_expression>, <replacement_value>)	判断第一个参数是否为空，空则返回第二个参数，否则返回第一个参数
NewID( )	创建 uniqueidentifier 类型的唯一值

任务实施

以表格loginUser（登录用户表）、User_property（管理员对应物业表）为例说明怎样添加用T-SQL方式测试数据。

首先考虑这几个表格的字段的格式。

loginuser表的字段：member_login（用户名）、member_password（密码）、email（邮件）、phone（电话）、fax（传真）、date_created（创建日期）、login_ip（登录ip）、login_count（登录次数）、last_login_dat（登录日期）、security_level_id（权限级别）、memo（备注）。

根据字段的格式要求，利用T-SQL相关函数和随机函数，产生不同的测试数据，填充到数据表中。

1. 单表添加数据

以loginuser表为例，使用WHILE循环，为loginuser表添加1万行数据，为了避免数据重复，采用随机函数newID()和RAND()。为了使数据格式符合要求，采用convert()函数进行数据类型的转换。

说明：

RAND()函数：生成从0~9的值，对应用户权限值0~9。

newID()：创建uniqueidentifier类型的唯一值，这里用来生成用户的密码，也可以使用该函数生成要求不高的字段。

Left()函数：用来截取部分字符串。

convert()函数：进行数据类型的转换。

substring()函数：用来从字符串中截取子串，这里用来随机生成姓名中的一个字符，使得姓名更加真实。

LEN()函数：用来计算字符串的长度。

代码如下：

```
use
EstateManage
go
declare @i int, @cnt int   --cnt用来记录加入数据的行数
--姓名部分参考例8-3说明
DECLARE @LN VARCHAR(300),@MN VARCHAR(200),@FN VARCHAR(200)
DECLARE @LN_N INT,@MN_N INT,@FN_N INT
SET @LN='李王张刘陈杨黄赵周吴徐孙朱马胡郭林何高梁郑罗宋谢唐韩曹许邓萧冯曾程蔡彭潘袁于董余苏叶吕魏蒋田杜丁沈姜范江傅钟卢汪戴崔任陆廖姚方金邱夏谭韦贾邹石熊孟秦阎薛侯雷白龙段郝孔邵史毛常万顾赖武康贺严尹钱施牛洪龚'
SET @MN='德绍中嘉泽邦裕家谦昌世一子紫梓孝友继如定呈祥大正启仕执必定仲元学生先宇远永盛在婉修为遥凌风树秀文光谨潭思旺'
SET @FN='宣轩斌冰丽云峰磊亮宏红强超勇旗琪谋超涵磊蕾庆伟维兴新星莹影娜慧惠'
SET @LN_N=LEN(@LN)
SET @MN_N=LEN(@MN)
SET @FN_N=LEN(@FN)
DECLARE @TMP VARCHAR(1000)      --定义姓名类型
```

```
select @i=1, @cnt=10000
while(@i<=@cnt)
    begin
    SET @TMP=CAST(SUBSTRING(@LN,CAST(RAND()*@LN_N AS INT),1)AS VARCHAR)
    SET @TMP=@TMP+CAST(SUBSTRING(@MN,CAST(RAND()*@MN_N AS INT),1)AS VARCHAR)
    SET @TMP=@TMP+CAST(SUBSTRING(@FN,CAST(RAND()*@FN_N AS INT),1)AS VARCHAR)
        INSERT INTO loginuser(member_login,member_password,security_level_id)
    VALUES(@TMP,convert(varchar(8), Left(newid(),8)), rand()*9)
    set @i=@i + 1
End
```

2. 相关表添加数据

以loginuser表和User_Property表为例，同时添加1万行随机数据。这两个表中有一个相同的字段member_login（用户名）。如果为保持数据一致性，考虑使用标记为显式事务（本单元任务2讲解）。

```
use EstateManage
go
BEGIN TRAN                    --事务开始
declare @i int, @cnt int      --cnt用来记录加入数据的行数
declare @name varchar(10)
DECLARE @myid uniqueidentifier --声明为uniqueidentifier数据类型
select @i=1, @cnt=10000
 while(@i<=@cnt)
    begin
     SET @myid=NEWID()
     --此处仅示范表格同步，采用随机生成字符，若要更精确的姓名，可以按前面步骤生成
    set @name=convert(varchar(10),Left(@myid,10))
    INSERT INTO loginuser(member_login,member_password,security_level_id)
    VALUES(@name,convert(varchar(8), Left(newid(),8)), rand()*9)
    /*为User_Property(小区管理员对应物业)
    insert into User_Property(member_login,Propertid)values
(@name,'0562100'+rand()*9)      --物业编号0562开头
    set @i=@i + 1
    End
COMMIT TRAN                    --事务结束
```

【延伸阅读】第三方测试数据工具

如果要求复杂的系统测试数据，可以考虑第三方专用的测试数据产生工具。常用的数据工具有Quest公司的DataFactory、开源DBMonster等。DataFactory是一个功能强大的数据产生器，它能建模复杂数据关系，且带有GUI界面，能产生百万行有意义的测试数据。DBMonster是一个Java的开源项目，可以协助产生大量的规则或不规则数据，便于数据库开发者基于这些数据进行数据库的调优。

任务 2　"用户信息更改"模块

任务导入

在实际工作中，管理员需要对用户信息进行修改。例如，人员发生变动，需要更改小区的姓名或者删除某个小区管理员，会涉及几个表的操作，为了防止发生错误，可以用事务进行控制。在此任务中，以修改小区管理员的操作为例，要求维护相关数据表，并保持数据的一致性。

在物业管理系统中，一旦将小区管理员的姓名修改，会影响到表loginUser（登录用户表）和User_property（管理员对应的物业）。考虑到用户信息更改可能会修改姓名，或者删除小区管理员，则在对应的两张表中进行同步的更新操作。为了防止发生错误，这里用显式事务进行控制。一旦中间过程发生错误，可以取消更新，不会造成两张表格的数据不一致。

知识技能准备

一、事务的概念

事务是为了完成一个业务逻辑对数据库进行操作，将多条语句封装作为一个工作单元执行的操作，要么全部执行，要么全部不执行。例如，银行转账问题：将资金从账户A转到账户B，至少需要两步。账户A的资金减少，然后账户B的资金相应增加。显然，这两个步骤是一个整体，一旦中间过程发生任何错误，则整个转账过程取消，账户A和账户B的余额和之前的一样。

作为一个逻辑单元，事务具有以下4个属性（ACID）。

（1）原子性（Atomic）。指事务必须执行一个完整的工作，事务对数据库所做的操作要么全部执行，要么全部取消。如果有语句执行失败，则所有语句全部回滚。

（2）一致性（Consistent）。在事务完成时，必须使所有数据都具有一致的状态。在相关数据库中，所有规则都必须应用于事务的修改，以保持所有数据的完整性。

（3）独立性（Isolated）。由一个事务所作的修改必须与其他事务所作的修改隔离。并发多个事务时，各个事务不干涉内部数据，处理的都是另外一个事务处理之前或之后的数据。

（4）持久性（Durable）。当事务提交后，对数据库所做的修改就会永久保存下来。

二、事务的种类

在SQL Server中事务类型有以下几种：

1. 自动提交事务

是SQL Server默认的一种事务管理模式。每条SQL语句都被看作一个事务进行处理，在完成时都被提交或者回滚。例如，一条Update 修改2个字段的语句，如果只修改了1个字段而另外一个字段没有修改就发生错误，则前一个记录的修改也会撤销。

2. 显式事务

由用户自定义的事务，以Begin Transaction语句开启事务，由Commit Transaction 提交事务、

Rollback Transaction 回滚事务结束。一旦提交事务成功，对数据库的修改将永久保存，而如果回滚事务，则事务对数据库的修改将回滚到该事务提交之前模式下。

3. 隐式事务

使用Set IMPLICIT_TRANSACTIONS ON 将隐式事务模式打开，不用Begin Transaction开启事务，当一个事务结束，这个模式会自动启用下一个事务，只用Commit Transaction 提交事务、Rollback Transaction 回滚事务即可。

4. 批处理级的事务

只适用于多个活动的结果集（MARS），在 MARS 会话中启动的 T-SQL 显式或隐式事务将变成批范围的事务。当批处理完成时，如果批范围的事务还没有提交或回滚，SQL Server 将自动回滚该事务。

三、显式事务的语句

一个显式事务可以由三条语句来描述，它们是开始事务、提交事务和回滚事务。

1. 开始事务

使用BEGIN TRAN 或者BEGIN TRANSACTION关键字，用于开启一个事务，标志着事务的开始。其中，TRAN是TRANSACTION的缩写。开始语法格式如下：

```
BEGIN{TRAN|TRANSACTION}[{transaction_name|@tran_name_variable}
    [WITH MARK['description']]
```

参数说明：

➢ transaction_name | @tran_name_variable：事务名或者事务变量名。事务名必须符合标识符规则，长度不超过32 个字符。事务变量名需要提前声明。

➢ WITH MARK ['description']：表示在日志中标记事务，后面是描述此标记的字符串。

2. 提交事务

使用COMMIT TRAN或者COMMIT TRANSACTION关键字，标志着事务的结束。事务开始和事务提交之间的所有语句构成一体，即事务。提交语法格式如下：

```
COMMIT[{TRAN|TRANSACTION}[transaction_name|@tran_name_variable]]
    [WITH(DELAYED_DURABILITY={OFF|ON})]
```

参数说明：

WITH DELAYED_DURABILITY：请求将此事务与延迟持续性一起提交的选项。

【例8-5】使用显式事务将小区管理员'张慧'的姓名更改为'张慧兰'，同时在loginuser表和User_Property表中修改。

代码如下：

```
use EstateManage
go
BEGIN TRAN                    --事务开始
UPDATE loginuser
set member_login='张慧兰'  where  member_login='张慧'
UPDATE User_Property
```

```
set member_login='张慧兰'  where  member_login='张慧'
COMMIT TRAN              --事务结束
```

3. 回滚事务

使用ROLLBACK TRAN或者ROLLBACK TRANSACTION，可以使得事务回滚到起点或者指定的保存点处。ROLLBACK语句不生成显示给用户的消息。如果在存储过程或触发器中需要警告，可使用RAISERROR 或 PRINT 语句。RAISERROR 是用于指出错误的首选语句。

基本语法格式如下：

```
ROLLBACK{TRAN|TRANSACTION}[transaction_name|@tran_name_variable
    |savepoint_name|@savepoint_variable]
```

参数说明：

savepoint_name |@savepoint_variable：是用户定义的保存点名称。或者包含有效保存点名称的变量的名称。

【例8-6】使用显式事务将小区管理员'张慧'的姓名更改为'张慧兰'，同时在loginuser表和User_Property表中修改，并在修改前后进行查询User_Property。

代码如下：

```
use EstateManage
go
BEGIN TRAN
SELECT member_login,Propertid FROM User_Property --查询小区管理员对应的物业
SAVE TRANCATION after_query          --保存点名为after_query
UPDATE loginuser
set member_login='张慧兰' where member_login='张慧'
UPDATE User_Property
set member_login='张慧兰'  where  member_login='张慧'
IF @@ERROR!=0 OR @@ROWCOUNT=0        --如果发生错误
    BEGIN
      ROLLBACK TRAN after_query       --回滚到保存点after_query
      COMMIT TRAN                     --事务结束
      PRINT '数据更新发生错误'          --给出错误提示
      RETURN
    END
SELECT member_login,Propertid FROM User_Property  --修改后的第二次查询
COMMIT TRAN                          --事务结束
```

四、隐式事务的语句

当连接以隐式事务模式进行操作时，SQL Server 数据库引擎实例将在提交或回滚当前事务后，自动启动新事务，无须描述事务的开始，只需提交或回滚每个事务。隐性事务模式生成连续的事务链，适合有大量的DDL（数据定义）和DML（数据操作）命令执行时。

使用SET IMPLICIT_TRANSACTIONS ON语句将隐式事务模式打开，使用 SET IMPLICIT_

TRANSACTIONS OFF 语句可以关闭隐式事务模式。使用 COMMIT TRANSACTION、COMMIT WORK、ROLLBACK TRANSACTION 或 ROLLBACK WORK 语句可以结束每个事务。

【例8-7】考虑系统性能，使用隐式事务，使用WHILE循环，为loginuser表添加10万行数据，每100行提交一次。

说明：User_property表中的字段有Sid（自动编号）、member_login（用户名）、Propertid（物业编号）。不是所有的字段都必须添加，这里只添加loginuser表的member_login（用户名）、member_password（密码）和security_level_id（权限级别）字段。以及User_property表的ember_login（用户名）、Propertid（物业编号）。

代码如下：

```
use EstateManage
go
/*当SET NOCOUNT on时候，将不向客户端发送存储过程每个语句的DONE_IN_proc消息，如果存储过程中包含一些并不返回实际数据的语句，网络通信流量便会大量减少，可以显著提高应用程序性能*/
set nocount on
SET IMPLICIT_TRANSACTIONS ON          --设置开启隐式事务
declare @i int, @cnt int

select @i=1, @cnt=100000
 while(@i<=@cnt)
   begin
     INSERT INTO loginuser(member_login,member_password,security_level_id)
     VALUES(convert(varchar(10),Left(newid(),10)),convert(varchar(8),
       Left(newid(),8)), rand()*9)
     set @i=@i + 1
     if(@i%100=0)                     --每100行提交一次
        commit tran
   End
SET IMPLICIT_TRANSACTIONS OFF          --设置关闭自动事务
commit tran
```

任务实施

在物业管理系统中，管理用户的"姓名"是在loginUser和User_property两张表中共同拥有并相互关联的属性，当系统管理员更改某管理用户的任一张表中的"姓名"信息，会同时影响到另一张表中的"姓名"信息，现各建立一个显式事务对小区管理员"张慧"和"王平"分别进行修改和删除。

1. 修改管理员姓名

代码参考例8-6，这里不再重复。

2. 删除管理员用户

假设将用户王平的记录删除，只需要将修改语句更换成删除语句即可，如下所示。

```
use EstateManage
```

```
go
BEGIN TRAN
SAVE TRAN  delete_query              --保存点名为delete_query
DELETE FROM  loginuser  where  member_login='王平'
DELETE FROM  User_Property  where  member_login='王平'
IF @@ERROR!=0  OR @@ROWCOUNT=0      --如果发生错误
BEGIN
     ROLLBACK TRAN delete_query      --回滚到保存点delete_query
COMMIT  TRAN                         --事务结束
PRINT  '数据更新发生错误'              --给出错误提示
RETURN
END
COMMIT TRAN                          --事务结束END
```

小　结

本单元主要介绍了测试数据的添加方法和通过事务管理来维护数据的一致性。具体要求掌握的内容如下：

➤ 事务的概念和分类；

➤ 事务的创建方法（显式事务使用begin transaction、commit transaction语句）；

➤ 测试数据的产生方法。

实　训

1. 添加数据实验。

（1）使用T-SQL方式为HouseOwner表添加1000条测试记录（不要求关联其他表）。

（2）使用T-SQL方式为Facility表添加1000条测试记录（要求关联Facility表的Propertid字段）。提示：根据Propertid的格式0562开头，可以建立合法的数据。

2. 采用显式事务方式修改和删除ropertName为"石油城"的Propertid编号为05623231的记录，修改为05623232，会影响到Facility中的相关记录，同时进行修改。修改后再删除。

提示：删除时可以选择同时进行删除或者不允许删除。

习　题

一、填空题

1. T-SQL要将一组语句执行20次，可以选择_____结构。

2. BEGIN TRAN用于_____，COMMIT TRAN用于_____，ROLLBACK TRAN用于_____。

3. 事务执行失败，涉及的两张表格均无变化，则属于事务的_____特性。

4. T-SQL中，用于去掉字符串尾部空格的函数是_____。

二、简答题

事务的四个特性（ACID）是指什么？

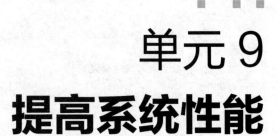

单元 9
提高系统性能

数据库系统中，当数据量较大时，查找数据需要耗费较大的时间。合理的使用索引和存储过程，可以提高数据搜索的速度，加快系统执行的速度，优化数据查询。

学习目标

➤掌握索引的基本概念；

➤掌握T-SQL创建索引的方法；

➤了解存储过程的概念；

➤掌握T-SQL创建存储过程的方法；

➤掌握ADO.NET中调用存储过程的方法。

具体任务

➤任务1　创建索引，提高"用户基本信息"的查询速度

➤任务2　使用存储过程，实现"住户信息查询"

任务 1　创建索引，提高"用户基本信息"的查询速度

任务导入

在物业管理系统中，对"住户表"输入10万行测试数据，再进入"用户基本信息"模块中，查询住户信息，明显发现查询速度变慢，甚至长时间无法打开网页。所以要对"住户表"和"用户基本信息"模块进行改进，提升查询速度，提高用户友好性。

项目组分析认为：当表中有大量记录时，若要对表进行查询，第一种方式是将所有记录一一取出，和查询条件进行一一对比，然后返回满足条件的记录，这样做会消耗大量数据库系统时间，并造成大量磁盘I/O操作；第二种方式是在表中建立索引，然后在索引中找到符合查询条件的索引值，最后通过保存在索引中的ROWID（相当于页码）快速找到表中对应的记录。

住户表中添加到10万行以上的数据时，如果通过查询条件——对比的形式进行数据搜索，查询时间必然大大增加，不利于数据的搜索。最好的方式就是通过索引找到特定的值，然后跟随指针到达包含该值的行。

知 识 技 能 准 备

一、索引的概念

在应用系统中，尤其在联机事务处理系统中，对数据查询及处理速度已成为衡量应用系统成败的重要标准之一。而采用索引来加快数据处理速度通常是最普遍采用的优化方法。

数据库中的索引与书籍中的目录类似。在一本书中，利用索引可以快速查找所需信息，无须阅读整本书。书中的目录是一个词语列表，其中注明了包含各个信息的页码。

在数据库中，索引使数据库程序无须对整个表进行扫描，就可以在其中找到所查找的数据。数据库中的索引是一个表中所包含值的列表，注明了表中包含值的存储位置。

1．索引的作用

➢ 通过创建唯一索引，可以保证数据库表中每一行数据的唯一性。

➢ 可以大大加快数据的检索速度，这也是创建索引的最主要的原因。

➢ 可以加速表和表之间的连接，特别是在实现数据的参考完整性方面特别有意义。

➢ 通过ORDER BY和GROUP BY进行数据检索时，同样可以显著减少查询中分组和排序的时间。

➢ 通过使用索引，可以在查询过程中使用优化隐藏器，提高系统的性能。

2．索引的分类

SQL Server 2012的索引主要分为：聚集索引、非聚集索引、唯一索引、XML索引、空间索引和非聚集ColumnStore索引。

（1）聚集索引：一种对磁盘上实际数据重新组织以按指定的一列或多列值排序。由于聚集索引是给数据排序，不可能有多种排法，所以一个表只能建立一个聚集索引。

（2）非聚集索引：不重新组织表中的数据，而是对每一行存储索引列值并用一个指针指向数据所在的页面。一个表可以拥有多个非聚集索引，每个非聚集索引根据索引列的不同提供不同的排序顺序。

（3）唯一索引：唯一索引确保索引键不包含重复的值，因此，表或视图中的每一行在某种程度上是唯一的。唯一性可以是聚集索引和非聚集索引的属性。

（4）XML索引：对列中 XML 实例的所有标记、值和路径进行索引，从而提高查询性能。

（5）非聚集ColumnStore索引：SQL 服务器 2012年引入了一种新的名为 ColumnStore 的索引。

列存储索引是存储和查询大型数据仓库事实数据表的标准。它使用基于列的数据存储和查询处理，与传统的面向行的存储相比，可对数据仓库最多提高 10 倍查询性能，与使用非压缩数据大小相比，可提供多达 10 倍数据压缩率。

由于使用列存储技术，它也些限制，主要有：

➢ 列存储索引包含的列数不能超过 1024。

➢ 无法聚集。只有非聚集列存储索引才可用。

➢ 不能包含稀疏列。

➢ 不以传统索引的方式使用或保留统计信息。

➢ 有列存储索引后，表变成只读表，不能进行添加、删除、编辑等操作。

二、使用 Management Studio 创建索引

在要创建索引的表中，选取"索引"项后右击，在弹出的快捷菜单中选择"新建索引"→"非聚集索引"命令，打开"新建索引"窗口，如图9-1所示。定义索引名称，如果是唯一索引，选中"唯一"复选框，选择"索引键列"选项卡，单击"添加"按钮，在打开的窗口中选择索引键列，如图9-2所示。

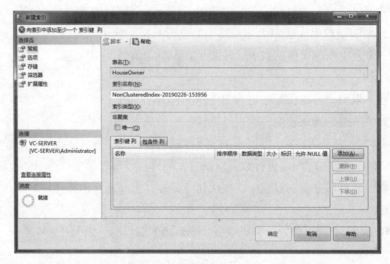

图 9-1 "新建索引"窗口

图 9-2 选择索引键列

选择后单击"确定"按钮，完成新建非聚集索引。

三、使用 T-SQL 创建索引

T-SQL创建索引的语法如下：

```
CREATE[UNIQUE][CLUSTERED|NONCLUSTERED][COLUMNSTORE]INDEX index_name ON
table_name(column_name[ASC|DESC][,…n])
```

其中：

➢ UNIQUE：唯一索引选项。

➢ CLUSTERED | NONCLUSTERED：聚集索引和非聚集索引选项，默认为非聚集索引。

➢ COLUMNSTORE：列聚集索引。

【例9-1】为方便按住户姓名查询住户信息，在HouseOwner表中创建按姓名增序的非聚集索引加快查询速度。

```
Create index sel_name on HouseOwner(name asc)
```

【例9-2】在HouseInfo表中，按照业主编号查找房产信息，表存储方式为列存储，为方便查询，创建业主姓名（Client_Name）的列存储索引。

```
Create columnstore index sel_client on HouseInfo(OwnerId)
```

任务实施

1. 在业主（HouseOwner）表上创建索引

```
Create index in1 on HouseOwner(OwnerId)      --按身份证号建立索引
Create index in1 on HouseOwner(phone desc)   --按手机号建立索引
Create index in1 on HouseOwner(WorkOrg desc) --按单位名称建立索引
```

视频

2. 在设备信息（EquipmentInfo）表中建立索引

```
Create index in1 on EquipmentInfo(Called)         --按设备名称建立索引
Create index in1 on EquipmentInfo(Specification)  --按设备规格建立索引
Create index in1 on EquipmentInfo(manufacturer)   --按厂商名称建立索引
```

任务 2　使用存储过程，实现"住户信息查询"

任务导入

在物业管理系统中添加测试数据后，发现"住户信息查询"模块速度明显变慢。用户将测试信息返回给开发单位，希望优化设计，使程序运行速度加快。

当系统数据量增加后，有多个原因影响系统的运行速度，可以考虑使用以下方式加快系统运行。

➢ 提高系统硬件配置，采用更高级的数据服务器，或者使用比较高级的CPU和更大的内存。

➢ 在硬件不变的情况下，通过创建索引的形式提高查询速度。

➤ 创建存储过程，加快系统运行速度。

知识技能准备

一、T-SQL 程序设计基本知识

SQL是一种介于关系代数与关系演算之间的语言，它是一个通用的、功能强大的关系数据库语言。T-SQL是标准SQL的增强版，作为应用程序与 SQL Server 沟通的主要语言。T-SQL提供标准SQL的数据定义、操作和控制的功能，加上延伸的函数、系统预存程序以及程序设计结构，让程序设计更有弹性。

1. T-SQL 的变量

变量是执行程序中必不可少的部分，它主要用来在程序运行过程中存储和传递数据。在T-SQL语句中，变量有两种，即局部变量与全局变量。

1）局部变量

局部变量是作用域局限在一定范围内的变量，是用户自定义的变量。一般来说，局部变量的使用范围局限于定义它的批处理内。

（1）声明局部变量。在使用一个局部变量之前，必须先声明该变量。声明一个局部变量的语法格式如下：

```
DECLARE  @变量名  变量类型[, @变量名  变量类型]…
```

声明语句中各部分的说明如下：

① 局部变量名的命名必须遵循SQL Server的标识符命名规则，并且必须以字符 "@" 开头。

② 局部变量的类型可以是系统数据类型，也可以是用户自定义的数据类型。

③ DECLARE语句可以声明一个或多个局部变量，变量被声明以后初值都是NULL。

其中变量类型可以是SQL Server 2012支持的所有数据类型也可以是用户自定义的数据类型。

（2）局部变量赋值。局部变量被创建之后，系统将其初始值设为NULL。若要改变局部变量的值，可以使用SET语句或SELECT语句给局部变量重新赋值。

SELECT语句的语法格式为：

```
SELECT  @变量名=表达式  [,@变量名=表达式]…
```

SET语句的语法格式为：

```
SET  @变量名=表达式
```

（3）显示变量的值。要显示变量的值可以使用SELECT或Print语句，其语法格式如下：

```
SELECT 变量名
Print 变量名
```

使用SELECT和Print语句可以显示变量的值，其区别在于SELECT以表格方式显示变量值，而Print语句在消息框中显示变量值。

【例9-3】声明一个类型为字符、长度为10的变量str1并赋值。

```
DECLARE @str1 char(10)
SELECT @StudNo='HelloWorld'
```

2）全局变量

全局变量是以"@@"开头，由系统预先定义并负责维护的变量，也可以把全局变量看作一种特殊形式的函数。全局变量不可以由用户随意建立和修改，作用范围也并不局限于某个程序，而是任何程序均可调用，全局变量的含义如表9-1所示。

表9-1　全局变量

全局变量名称	全局变量含义
@@CONNECTIONS	返回 SQL Server 自上次启动以来所有针对此服务器尝试的连接数，无论连接是成功还是失败
@@ERROR	返回执行的上一条 T-SQL 语句的错误号
@@ROWCOUNT	返回受上一条 SQL 语句所影响的行数
@@IDENTITY	返回最后插入的标识列的列值
@@NESTLEVEL	返回对本地服务器上执行的当前存储过程的嵌套级别（初始值为 0）
@@SERVERNAME	返回运行 SQL Server 的本地服务器名称
@@SPID	返回当前用户进程的会话 ID
@@VERSION	返回当前 SQL Server 的安装版本、处理器体系结构、生成日期和操作系统

2．程序流程控制语句

SQL Server支持结构化的编程方法，结构化编程中程序流程控制的三大结构是顺序结构、选择结构、循环结构。T-SQL提供了可以实现这三种结构的流程控制语句，使用这些流程控制语句可以控制命令的执行顺序，以便更好地组织程序。SQL Server中的流程控制语句有BEGIN...END、IF...ELSE、WHILE...CONTINUE...BREAK、GOTO、WAITFOR、RETURN等。

1）BEGIN...END 语句

BEGIN...END语句相当于其他语言中的复合语句（如C语言中的{}），它用于将多条T-SQL语句封装为一个整体的语句块，即将BEGIN...END内的所有T-SQL语句视为一个单元执行。

语法格式如下：

```
BEGIN
{
    SQL语句块|程序块
}
END
```

适用情况：

➢ WHILE循环需要包含多条语句。

➢ CASE函数的元素需要包含多条语句。

➢ IF 或 ELSE 子句中需要包含多条语句。

2）单条件分支语句

IF...ELSE 语句是条件判断语句，用以实现选择结构。当IF后的条件成立时就执行其后的T-SQL语句，条件不成立时执行ELSE后的T-SQL语句。其中，ELSE子句是可选项，如果没有ELSE子句，当条件不成立则执行IF语句后的其他语句。

语法格式如下：

```
IF <条件表达式>
{SQL语句块|程序块}
[ELSE
{SQL语句块|程序块}
]
```

【例9-4】设一局部变量的值，当大于10时输出。

```
Declare @n Integer
Set @n=20
IF @n>10
PRINT @n
```

运行结果如图9-3所示。

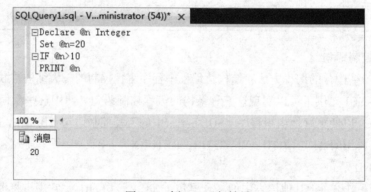

图9-3　例9-4运行结果

3）多条件分支语句

（1）IF 多条件分支。IF...ELSE IF语句用于多条件分支执行。

语法格式如下：

```
IF <条件表达式>
{SQL语句块|程序块}
ELSE IF <条件表达式>
{SQL语句块|程序块}
…
ELSE
```

【例9-5】使用IF语句判断学生成绩等级。

```
Declare @AvgScore numeric(5,1)
Declare @ScoreLevel Varchar(10)
SELECT @AvgScore=AVG(StudScore)FROM StudScoreInfo WHERE StudNo='20050319001'
if @AvgScore>=90
    Set @ScoreLevel='优秀'
else if @AvgScore>=80
    Set @ScoreLevel='良好'
else if @AvgScore>=70
    Set @ScoreLevel='中等'
else if @AvgScore>=60
    Set @ScoreLevel='及格'
else
    Set @ScoreLevel='不及格'
print @ScoreLevel
```

（2）CASE 多条件分支。CASE 语句和 IF…ELSE语句一样，也用来实现选择结构。但是它与 IF…ELSE语句相比，可以更方便地实现多重选择的情况，从而可以避免多重IF…ELSE语句的嵌套，使得程序的结构更加简洁、清晰。T–SQL中的CASE语句可分为简单CASE语句和搜索CASE语句两种。

① 简单 Case 语句。语法格式如下：

```
CASE <运算式>
WHEN <运算式> THEN <运算式>
…
WHEN <运算式> THEN <运算式>
[ELSE <运算式>]
END
```

【例 9–6】使用简单CASE判断变量的值。

```
Declare @a int,@Answer Char(10)
set @a=cast(rand()*10 AS int)
print @a
Set @Answer=Case @a
When 1 Then 'A'
When 2 Then 'B'
When 3 Then 'C'
When 4 Then 'D'
When 5 Then 'E'
ELSE 'Others'
END
PRINT 'The answer is '+@Answer
```

运行结果如图9–4所示。

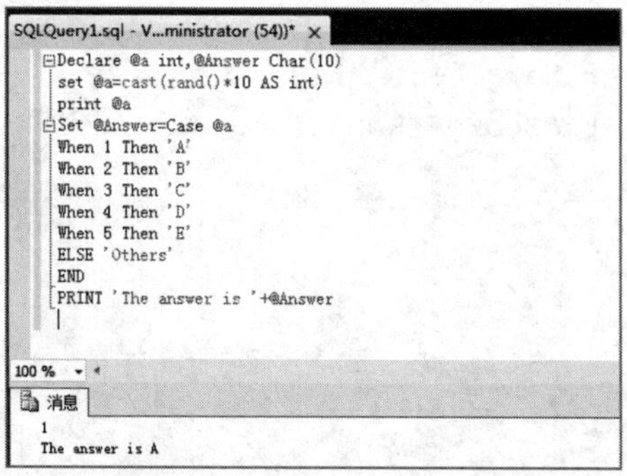

图 9-4 例 9-6 运行结果

② 搜索 Case 语句。语法格式如下：

```
CASE
WHEN <条件表达式> THEN <运算式>
WHEN <条件表达式> THEN <运算式>
...
[ELSE <运算式>]
END
```

【例 9-7】使用搜索CASE语句判断物业管理系统中UserPayment表中101用户是否为优质住户，判断依据为缴费>=1200。

```
Declare @pay numeric(5,1)
SELECT @AvgScore= Howmuch FROM UserPayment
SET @Level=Case
When @AvgScore>=1200Then '优质'
When @AvgScore>=800 Then '良好'
else
'普通'
end
print @Level
```

运行结果如图9-5所示。

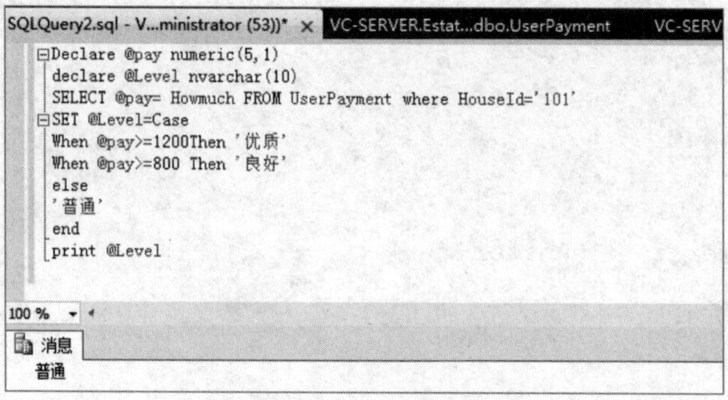

图 9-5 例 9-7 运行图

4）循环语句

语法格式如下：

```
WHILE   条件表达式
BEGIN
程序块
[BREAK]
程序块
[CONTINUE]
程序块
END
```

【例9-8】使用While语句实现1+2+…+100。

```
Declare @sum int,@n int
Set @sum=0
set @n=1
while @n<=100
begin
set @sum=@sum+@n
set @n=@n+1
end
print @sum
```

查询结果如图9-6所示。

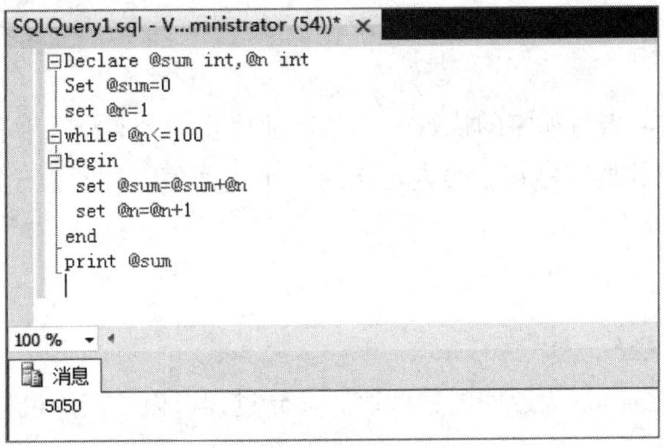

图 9-6　例 9-8 运行结果

5）WAITFOR 语句

WAITFOR语句用于在达到指定时间或时间间隔之前，阻止执行批处理、存储过程或事务，直到所设定的时间已到或等待了指定的时间间隔之后才继续往下运行。

语法格式如下：

```
WAITFOR  DELAY  等待时间|TIME  完成时间
```

参数说明：

① DELAY："等待时间"是指定可以继续执行批处理、存储过程或事务之前必须经过的指定时段，最长为 24 小时。可使用 datetime 数据可接受的格式之一指定"等待时间"，也可以将其指定为局部变量，但不能指定日期，因此不允许指定 datetime 值的日期部分。

② TIME："完成时间"是指定运行批处理、存储过程或事务的具体时刻。可以使用 datetime 数据可接受的格式之一指定"完成时间"，也可以将其指定为局部变量，但不能指定日期，因此不允许指定 datetime 值的日期部分。

【例 9-9】使用WAITFOR delay，等待0小时0分2秒后执行SELECT语句。

```
WAITFOR delay '00:00:02'
SELECT * FROM StudInfo
```

【例 9-10】间隔30 s执行更新语句。

```
Declare @Count int
Set @Count=0
While @Count<10
begin
UPDATE StudInfo
SET StudBirthday='2003-9-1'
WHERE studno='20050319001'
if @@error=0 break
set @count=@count+1
waitfor delay '00:00:30'
end
```

6）RETURN语句

RETURN语句用于结束当前程序的执行，无条件地终止一个查询、存储过程或者批处理，返回到上一个调用它的程序或其他程序在括号内可指定一个返回值。此时位于RETURN语句之后的程序将不会被执行。

语法格式如下：

```
RETURN[integer_expression]
```

参数说明：integer_expression 为返回的整型值。存储过程可以给调用过程或应用程序返回整型值。

功能：

➤ 从查询或过程中无条件退出。

➤ 可在任何时候用于从过程、批处理或语句块中退出。

➤ 不执行位于 RETURN 之后的语句。

二、存储过程

存储过程是一组预先编译好的存储在服务器上的完成特定功能并且可以接受和返回用户提供的参数的T-SQL语句的集合。存储过程存储在数据库中，可以提高程序运行的效率和可复用性。

1．存储过程简介

1）定义

存储过程（Stored Procedure）是为了完成某一特定功能而编写的T-SQL与流程控制语句的集合。就是将常用的或很复杂的工作，预先以SQL程序形式编写好，并指定一个程序名称保存起来。要完成相应的功能，只需调用该存储过程即可自动完成该项工作。

存储过程中可以包含变量声明、数据存取语句、流程控制语句、错误处理语句等，在使用上非常灵活。

2）优点

（1）执行效率高。当需要反复调用时，存储过程比T-SQL语句的批处理语句块的执行速度快，因为数据库在执行存储过程时先要进行分析和编译，若直接执行T-SQL语句则每次都需要进行分析和编译，而存储过程只在首次执行时编译，并将编译结果存储在系统的高速缓存中，当需要再次使用时，不必再次编译，直接调用即可。

（2）可复用性好。存储过程是用T-SQL语句以模块的形式编写并存储在数据库中，只需编写一次，可以多次调用。在数据库或者其他应用程序中可以方便地进行调用。而且数据库专业人员可随时对存储过程进行修改，但对应用程序源代码毫无影响，从而极大地提高了程序的可移植性。

（3）减轻网络负担。调用存储过程，则只需传输调用存储过程的语句即可，大大减轻了网络的负担。

（4）安全性强。系统管理员通过对执行某一存储过程的权限进行限制，从而能够实现对相应数据访问权限的限制，避免非授权用户对数据的访问，保证数据的安全。

3）存储过程的分类

（1）系统存储过程（System Stored Procedure）。系统存储过程以sp_开头，如sp_help。此类存储过程是SQL Server内置的存储过程，通常用来进行系统的各项设置、读取信息或执行相关管理工作。

（2）扩展存储过程（Extended Stored Procedures）。扩展存储过程通常以xp_开头，如xp_sendmail。此类存储过程大多是用传统的程序设计语言编写而成，其内容并不是保存在SQL Server中，而是以DLL的形式单独存在。

（3）用户定义的存储过程（User-Defined Stored Procedures）。由用户设计的存储过程，其名称可以是任意符合SQL Server命名规则的字符组合，但尽量不要以sp_或xp_开头，以免造成混淆。

2．创建存储过程

1）使用 CREATE PROCEDURE 语句创建存储过程

语法格式如下：

```
CREATE PROC[EDURE]procedure_name[; number]
[{ @parameter data_type}
[VARYING][= default][OUTPUT]
][,...n]
[WITH
{ RECOMPILE|ENCRYPTION|RECOMPILE , ENCRYPTION}]
[FOR REPLICATION]
```

```
AS sql_statement[...n]
```

参数说明：

- procedure_name：是要创建的存储过程的名称，它后面跟一个可选项number，它是一个整数，用来区别一组同名的存储过程，如proc1、proc2等。存储过程的名称必须符合命名规则，在一个数据库中或对其所有者而言，存储过程的名称必须唯一。

- @parameter：用来声明存储过程的形式参数。在 CREATE PROCEDURE 语句中，可以声明一个或多个参数。当调用该存储过程时，用户必须给出所有的参数值，除非定义了参数的默认值。若参数以 @parameter=value形式出现，则参数的次序可以不同，否则用户给出的参数值必须与参数列表中参数的顺序保持一致。若某一参数以@parameter=value 形式给出，那么其他参数也必须以该形式给出。一个存储过程至多有1 024个参数。

- data_type：是参数的数据类型。在存储过程中，所有数据类型包括text和image都可被用作参数。但是，游标cursor数据类型只能被用作OUTPUT参数。当定义游标数据类型时，也必须对VARYING和OUTPUT关键字进行定义。对于游标型数据类型的OUTPUT参数而言，参数个数的最大数目没有限制。

- VARYING：指定由OUTPUT参数支持的结果集，仅应用于游标型参数。

- default：是指参数的默认值。如果定义了默认值，那么即使不给出参数值，该存储过程仍能被调用。默认值必须是常数或者空值。

- OUTPUT：表明该参数是一个返回参数。用 OUTPUT 参数可以向调用者返回信息。Text类型参数不能用作OUTPUT 参数。

- RECOMPILE：指明SQL Server并不保存该存储过程的执行计划，该存储过程每执行一次都要重新编译。

- ENCRYPTION：表明SQL Server加密了syscomments表，该表的text字段是包含有CREATE PROCEDURE语句的存储过程文本，使用该关键字无法通过查看syscomments表查看存储过程内容。

- FOR REPLICATION：选项指明了为复制创建的存储过程不能在订购服务器上执行，只有在创建过滤存储过程时（仅当进行数据复制时过滤存储过程才被执行），才使用该选项。FOR REPLICATION与WITH RECOMPILE选项是互不兼容的。

- AS：指明该存储过程将要执行的动作。

- sql_statement：是包含在存储过程中的任何数量和类型的SQL语句。一个存储过程的大小最大值为128 MB，用户定义的存储过程必须创建在当前数据库中。

【例 9-11】创建存储过程，查询单位名称是"铜陵职业技术学院"的业主信息。

```
CREATE PROCEDURE sel_yezhu
AS
SELECT * FROM HouseOwner WHERE WorkOrg ='铜陵职业技术学院'
GO
```

运行结果如图9-7所示。

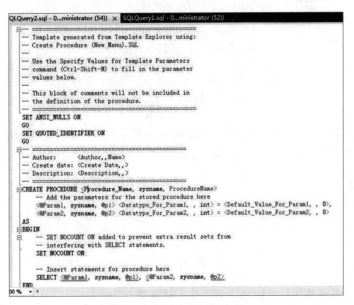

图 9-7　例 9-11 运行结果

2）使用 SQL Server Management Studio 创建存储过程

使用 SQL Server Management Studio 创建存储过程的操作步骤如下：

（1）启动 SQL Server Management Studio，打开"对象资源管理器"窗口并连接到相应服务器，展开相应的服务器。

（2）打开"数据库"文件夹，并打开要创建存储过程的数据库。

（3）展开"可编程性"节点，选择"存储过程"选项并右击，在弹出的快捷菜单中选择"新建存储过程"命令，打开创建存储过程窗体，如图 9-8 所示。

（4）在右侧查询编辑器中出现存储过程的模板，显示了 CREATE PROCEDURE 语句的框架，可以修改要创建的存储过程的名称，然后加入存储过程所包含的 T-SQL 语句即可。

图 9-8　创建存储过程窗体

3）使用存储过程

存储过程可以使用 EXECUTE 语句在查询编辑器中执行。

```
EXEC[UTE]( { @string_variable |[N]'tsql_string'}[+ ...n])
```

参数含义与CREATE PROCEDURE相同。

【例 9-12】执行例9-11的存储过程sel_yezhu。

```
EXECUTE sel_yezhu
```

任务实施

使用T-SQL命令创建存储过程，使用姓名作为输入参数，查询住户信息。

```
create procedure sel_ HouseOwner _name
(@n char)
as
select * from HouseOwner where name=@n
```

运行结果如图9-9所示。

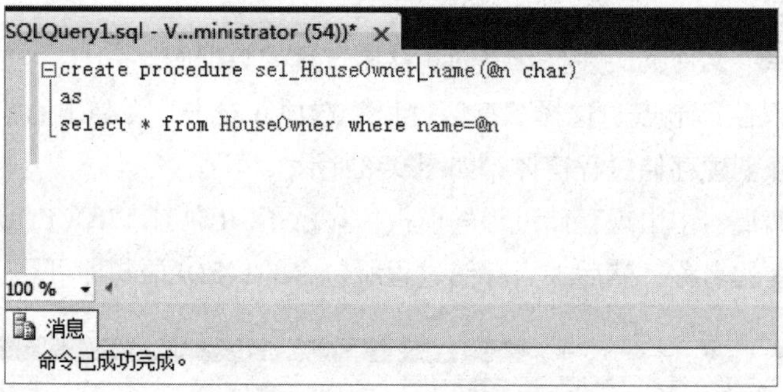

图 9-9　任务 2 运行结果

小　结

本单元通过提高查询速度和利用存储过程实现查询的两种工作任务的实施，学习了索引和存储过程的概念。通过本单元的学习，要求掌握以下内容：

➢ 索引的建立；

➢ T-SQL的基本语法；

➢ 存储过程的实现。

实　训

学院图书馆管理系统要进行系统功能的优化，请实现以下功能：

（1）为图书表增加索引，加快查询速度。

（2）为借阅信息表增加索引，加快查询速度。

（3）创建存储过程实现以上功能。

习　题

1. SQL Server 2012中提供了哪些索引？
2. 列存储索引有哪些特点？
3. T-SQL语句主要由哪几部分组成？
4. T-SQL可以使用哪两种类型的变量。
5. 使用存储过程有哪些优点？存储过程分为哪3类。

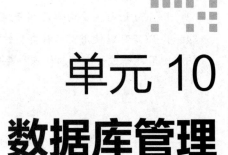

单元 10
数据库管理

任何系统都不可避免地会出现各种形式的故障，而某些故障可能会导致数据库灾难性的损坏，所以做好数据库的备份工作极其重要。

数据库的备份可以创建在磁盘、磁带等备份设备上，与备份对应的是还原。在本单元将备份物业信息管理数据库，并利用备份文件还原数据库。将住户表tenement中的数据导出到TXT文件，将Excel文件中的业主信息导入到EstateManage数据库的业主信息表HouseOwner中。

学习目标

> 理解数据库备份、数据导入/导出的意义及其重要性；
> 熟练掌握对数据库进行日常维护和管理的各种方法及其操作。

具体任务

> 任务1 执行数据库备份和还原
> 任务2 数据的导入和导出

任务 1 执行数据库备份和还原

任务导入

数据库备份就是制作数据库中数据结构、对象和数据等的副本，将其存放在安全可靠的位置，在遇到故障时能利用这个副本恢复出原来的数据库。SQL Server 2012中有完整备份、差异备份、事务日志备份、文件和文件组备份4种数据库备份类型。

知识技能准备

在规划数据库的备份和还原时，必须将两者结合起来考虑。一般来说，用户设计的操作方案将受到数据库运行的实际情况和可利用的数据库备份资源的限制。但任何情况下，数据的价值应是放在第一位考虑的因素。根据数据的价值，用户可以预测自己所能承受的数据损失，从而选择合适的还原方案，并根据还原方案设计出合理的备份方案。

一般来说，规划数据库备份应该按照下面的步骤进行。

（1）预测自己的数据库系统可能遇到的数据库意外事故。

（2）针对不同的意外事故制订出一一对应的还原方案。在进行恢复方案设计时，必须综合考虑数据的价值和事故可能造成的最大损失，以及恢复系统所能承受的时间限制。

（3）针对还原方案设计可行的备份方案。

（4）在一定备份资源和时间限制内对设计的方案进行测试。

一、备份数据库

在SQL Server 2012中，数据库可以备份到备份设备和备份文件中。

1. 创建数据库备份设备

在数据库备份之前需要创建备份设备，创建备份设备就是把一个磁盘文件指定成备份设备，给出一个设备名，以后做备份时可以只使用这个设备名而不用每次使用具体的磁盘文件名。

【例10-1】使用SQL Server Management Studio创建备份设备backup1。

（1）打开SQL Server Management Studio，展开"服务器对象"节点。

（2）右击"备份设备"节点，在弹出的快捷菜单中选择"新建备份设备"命令，如图10-1所示。

（3）在打开的对话框中输入设备名称和一个完整的文件路径（一般默认为安装的路径）。

（4）单击"确定"按钮，完成备份设备的创建。

图 10-1　创建备份设备 backup1

2. 使用SQL Server Management Studio进行数据库备份

【例10-2】使用SQL Server Management Studio备份EstateManage数据库。

（1）打开SQL Server Management Studio，展开服务器节点。

（2）展开数据库节点，右击要备份的数据库，在弹出的快捷菜单中选择"任务"→"备份"命令。

（3）在打开的"备份数据库"窗口的"备份类型"下拉列表框中选择备份类型（完整、差异、事务日志），"名称"文本框中有一个默认的备份名称，可以修改，在"目标"栏，也有一个默认的磁盘文件。如果使用另外一个磁盘文件或备份设备，可以单击"删除"按钮删除这个对象，再单击"添加"按钮，在打开的"选择备份目标"对话框中选择一个自己指定的对象作为备份设备。

（4）在"备份数据库"窗口中单击"确定"按钮完成备份工作。

3. 使用T-SQL语句进行数据库备份

使用BACKUP DATABASE命令备份整个数据库或备份一个文件或多个文件或文件组，其语法格式如下：

```
BACKUP DATABASE database name
TO backup device name[,...n]
[WITH DIFFERENTIAL]
```

其中，Backup_device_name为数据库备份设备的逻辑名称；WITH DIFFERENTIAL表示差异备份。

另外，使用BACKUP LOG命令在完整恢复模式或大容量日志模式下备份事务日志，其语法格式如下：

```
BACKUP LOG database name
{ TO backup device name[,...n]
[WITH NO_TRUNCATE]}
```

其中，WITH NO_TRUNCATE表示完成事务日志备份后，并不清空原有日志的数据，这个选项可用在当数据库遭到损坏或数据库被标识为可疑时进行日志的备份。

【例10-3】通过磁盘备份设备backup1对物业信息管理EstateManage数据库进行整体备份。

```
BACKUP DATABASE EstateManage
TO backup1
```

【例10-4】通过磁盘备份设备backup1对物业信息管理EstateManage数据库进行实物日志备份。

```
BACKUP LOG EstateManage
TO backup1
```

二、还原数据库

当数据库出现故障时，要使用还原功能从数据库的备份中及时还原数据库。在进行数据库还原之前最好以追加的方式进行一次数据库的事务日志备份，以便记录数据库的最新消息。

1. 使用SQL Server Management Studio进行数据库还原

操作步骤如下：

（1）打开SQL Server Management Studio，展开服务器节点。

（2）展开数据库节点，右击要还原的数据库，在弹出的快捷菜单中选择"还原"→"数据库"

命令,如图10-2所示。

(3)在打开的"还原数据库"窗口的"选择用于还原的备份集"中,选择最近的完整备份、差异备份和事务日志备份。

(4)单击"确定"按钮,完成还原操作。

图 10-2 还原数据库

2. 使用T-SQL语句进行数据库还原

(1)利用完整备份、差异备份进行还原。

其语法格式如下:

```
RESTORE DATABASE database name
[FROM backup device name[,...n]]
WITH
[[,]{NORECOVERY|RECOVERY}]
[[,]REPLACE]
```

其中,NORECOVERY|RECOVERY表示还原操作是否还原所有未曾提交的事务,默认选择是RECOVERY。当使用一个数据库备份和多个事务日志进行还原时,在还原最后一个事务日志之前应该选择使用NORECOVERY选项。

(2)利用事务日志备份执行还原操作。

其语法格式如下:

```
RESTORE LOG database name
```

```
[FROM backup device name[,...n]]
WITH
[[,]{NORECOVERY|RECOVERY}]
[[,]STOPAT=data_time]
```

其中，STOPAT=data_time的作用是当使用事务日志进行还原时，将数据库还原到指定时刻的状态。

【例10-5】用备份设备backup1来还原物业信息管理EstateManage数据库。

```
RESTORE DATABASE EstateManage
FROM backup1
```

 任务实施

一、使用 SQL Server Management Studio 进行数据库备份

（1）打开SQL Server Management Studio，展开服务器节点。

（2）展开数据库节点，右击要备份的数据库，在弹出的快捷菜单中选择"任务"→"备份"命令。

（3）在打开的"备份数据库"窗口的"备份类型"下拉列表框中选择备份类型（完成、差异、事务日志），"名称"文本框中有一个默认的备份名称，可以修改，在"目标"栏，也有一个默认的磁盘文件。如果使用另外一个磁盘文件或备份文件，可以单击"删除"按钮删除这个对象，再单击"添加"按钮，在打开的"选择备份目标"对话框中选择一个自己指定的对象作为备份设备。

（4）在"备份数据库"窗口中单击"确定"按钮完成备份工作。

二、使用 SQL Server Management Studio 进行数据库还原

（1）打开SQL Server Management Studio，展开服务器节点。

（2）展开数据库节点，右击要还原的数据库。在弹出的快捷菜单中选择"还原"→"数据库"命令。

（3）在打开的"还原数据库"窗口的"选择用于还原的备份集"中，选择最近的完整备份、差异备份和事务日志备份。

（4）单击"确定"按钮，完成还原操作。

任务 2 数据的导入和导出

 任务导入

通常并非以统一的格式对数据进行存储、处理或者传输，数据可能来自不同的数据库系统，有着不同的数据结构，对于这些不同数据库的数据进行格式转换可以确保更灵活、顺畅地完成任务。

知识技能准备

通常并非以统一的格式对数据进行存储、处理或者传输，数据可能来自不同的数据库系统，有着不同的数据结构，对于这些不同数据库的数据进行格式转换可以确保更灵活、顺畅地完成任务。

数据转换不仅仅有数据格式的转换，也可能是数据库对象的转移。数据库对象的转移是指SQL Server中的对象（如表、视图等）在不同服务器之间的复制。

（1）数据库转移的原因：

① 将数据移动到另一个服务器或者其他地方。

② 将数据进行复制。

③ 将数据进行存档。

④ 将数据进行迁移。

（2）数据从一个环境转换到另外一个环境的一般步骤如下：

① 选择数据源。

② 源和目标数据之间的转换。

③ 保存目标数据。

一、将 SQL Server 数据导出到 TXT 文件

【例10-6】使用导入和导出向导把EstateManage数据库中的物业信息表PropertyInfo中的数据导出到文本文件物业信息表PropertyInfo.txt中。

操作步骤如下：

（1）打开SQL Server Management Studio，在对象资源管理器中展开"数据库"节点，右击PropertyInfo表，在弹出的快捷菜单中选择"任务"→"导出数据"命令，如图10-3所示。

图 10-3　导出数据

（2）在打开的"导入和导出向导"窗口中单击"下一步"按钮，打开"选择数据源"窗口。

（3）在"选择数据源"窗口中设置选项。

（4）单击"下一步"按钮，打开"选择目标"窗口。

（5）单击"下一步"按钮，打开"指定表复制或查询"窗口。

（6）在"指定表复制或查询"窗口中选中"复制一个或多个表或视图的数据"单选按钮，单击"下一步"按钮，打开"配置平面文件目标"窗口，在"源表或源视图"下拉列表框中选择PropertyInfo表，单击"下一步"按钮。

（7）在打开的"运行包"窗口中选中"立即运行"复选项，单击"下一步"按钮。

（8）在打开的"完成该向导"窗口中单击"完成"按钮，在打开的"执行成功"窗口中显示向导执行的结果。

（9）在资源管理器上找到"C:\Users\Administrator\Desktop\PropertyInfo.txt"。

二、将 Excel 数据导入 SQL Server

【例10-7】使用导入和导出向导把Excel文件HouseOwner.xlsx表汇总的信息数据导入SQL Server数据库EstateManage的业主信息表HouseOwner中。

操作步骤如下：

（1）打开SQL Server Management Studio，在对象资源管理器中展开"数据库"节点，右击EstateManage节点，在弹出的快捷菜单中选择"任务"→"导入数据"命令。

（2）在打开的"导入和导出的向导"窗口中单击"下一步"按钮，打开"选择数据源"窗口并设置选项。

（3）单击"下一步"按钮，打开"选择目标"窗口。

（4）单击"下一步"按钮，打开"指定表复制或查询"窗口，选中"复制一个或多个表或视图的数据"单选按钮，单击"下一步"按钮。

（5）打开"选择源表和源视图"窗口。

（6）在打开的"保存并运行包"窗口中选中"立即运行"复选框。

（7）在打开的"完成该向导"窗口中单击"完成"按钮。

（8）在弹出的"执行成功"对话框中单击"关闭"按钮。

（9）在对象资源管理器中打开EstateManage数据库的HouseOwner表，验证导入结果。

任务实施

把EstateManage数据库中的物业信息表PropertyInfo数据导出到文本文件物业信息表PropertyInfo.txt中。

（1）打开SQL Server Management Studio，在对象资源管理器中展开"数据库"节点，右击PropertyInfo表，在弹出的快捷菜单中选择"任务"→"导出数据"命令。

（2）在打开的"导入和导出向导"窗口中单击"下一步"按钮，打开"选择数据源"窗口。

（3）在"选择数据源"窗口中设置选项。

（4）单击"下一步"按钮，打开"选择目标"窗口。

（5）单击"下一步"按钮，打开"指定表复制或查询"窗口。

（6）在"指定表复制或查询"窗口中选中"复制一个或多个表或视图的数据"单选按钮，单击"下一步"按钮，打开"配置平面文件目标"窗口，在"源表或源视图"下拉列表框中选择PropertyInfo表，单击"下一步"按钮。

（7）在打开的"运行包"窗口中选中"立即运行"复选项，单击"下一步"按钮。

（8）在打开的"完成该向导"窗口中单击"完成"按钮，在打开的"执行成功"窗口中显示向导执行的结果。

（9）在资源管理器中找到"C:\Users\Administrator\Desktop\PropertyInfo.txt"。

小　结

本单元主要介绍了SQL Server 2012数据库管理和使用过程中两个十分重要的问题：数据库的还原与备份，以及数据的导入和导出操作。

实　训

一、实训目的

1. 了解备份和还原的概念。

2. 掌握SQL Server的备份方法。

3. 掌握备份策略的制定。

4. 掌握运用备份还原数据库的方法。

二、实训内容

1. 创建一个名为mydisk的备份设备对物业管理信息数据库（EstateManage）进行备份和差异备份。

2. 利用创建的备份还原数据库。

三、实训步骤

1. 利用SQL ServerManagement Studio创建一个名为mydisk的备份设备。

2. 将物业管理信息数据库（EstateManage）完整备份到mydisk备份设备。

3. 在某表中添加一条记录，然后创建数据库的差异备份到mydisk备份设备。

4. 创建一个事务日志备份。

5. 删除原数据库（注意：原数据库必须在备份好的情况下删除）。

6. 利用mydisk备份设备还原物业管理信息数据库（EstateManage），观察数据库的变化。

四、实训报告要求

1. 实训报告分为实训目的、实训内容、实训步骤、实训心得4部分。

2. 把相关的语句和结果写在实训报告上。

3. 写出详细的实训心得。

习　题

一、填空题

1. SQL Server 2012提供了_____、_____、_____和_____4种数据备份类型。

2. 在数据库进行备份之前，必须设置存储备份文件的物理存储介质，即_____。

3. _____备份是进行其他所有备份的基础。

4. 在SQL Server 2012中，有3种数据库还原模式，分别是_____、_____和_____。

5. 数据库转换可以是数据格式的转换，也可以是_____的转移。其中数据格式的转换是指在不同数据源之间转换数据格式。

6. 数据库对象的转移包括_____、_____等在不同服务器之间的复制。

7. SQL Server为数据转换提供了很多工具，如T-SQL、_____、_____、_____SSIS包等。

二、选择题

1. 防止数据库出意外的方法有（　　　）。

    A. 重建　　　　　　B. 追加　　　　　　C. 备份　　　　　　D. 删除

2. 以下关于数据库备份的描述正确的是（　　　）。

    A. 数据库应该每天或定时进行完整备份

    B. 第一次完整备份后就不用再做完整备份，根据需要做差异备份或其他备份即可

    C. 文件和文件组备份任意时刻可进行

    D. 文件和文件组备份必须搭配

3. 文件和文件组备份必须搭配（　　　）。

    A. 完整备份　　　　B. 差异备份　　　　C. 事务日志备份　　D. 不需要

4. SQL Server的数据导入导出操作中，以下不可执行的操作是（　　　）。

    A. 将Access数据导出到SQL Server　　　B. 将Word中的表格导出到SQL Server

    C. 将FoxPro数据导出到SQL Server　　　D. 将Excel数据导出到SQL Server

5. 对数据库进行完整备份的语句是（　　　）。

    A. RESTORE DATABASE　　　　　　　B. RESTORE LOG

    C. BACKUP DATABASE　　　　　　　　D. BACKUP LOG

6. 日志文件默认存放在SQL Server 2012安装路径下的（　　　）文件夹中。

    A. Install　　　　　B. Backup　　　　　C. LOG　　　　　　D. Data

三、简答题

1. 数据库系统故障可以分为哪几类?

2. 数据库备份有哪几种方式? 各有何特点?

3. 如何进行数据库还原?

4. 如何进行数据库的导入?

5. 如何进行数据库的导出?

单元 11
自动业务处理

在企业级的数据应用中，有时需要进行自动化的过程处理。例如在物业管理中，当业主物业管理缴费到期后，系统自动提醒管理员或者业主；加入新的物业后，提醒管理员进行相关物业和收费的设置工作等。

在SQL Server数据库系统中，有触发器这一功能，可以设置相关的条件，当达到这一条件时，进行自动警示或者通知。

学习目标

➤掌握触发器的基本概念；

➤掌握创建After触发器的方法；

➤掌握创建Instead of触发器的方法；

➤掌握创建DDL触发器的方法；

➤掌握禁用/启用触发器。

具体任务

➤任务1　物业费用超期预警

➤任务2　物业管理新业务提醒设置

任务 1　物业费用超期预警

任务导入

物业管理系统中，业主缴费有两项，一项是住宅物业管理，另一项是车库费用管理。缴费分为三种形式，季度交、半年交和一年交费，业主不可能同时开始缴费，费用到期的时间存在不一致的情况。

物业管理系统中，用户缴费表（Userpayment表）中存储有用户缴费记录，通过比对表中字段DueDate内容和当前系统时间，如果大于当前系统时间，说明缴费时间未到，如果小于系统时间，说明业主需要缴费。

知识技能准备

一、触发器

1. 触发器的定义

触发器（Trigger）是针对某个表或视图所编写的特殊存储过程，它不能被显式地调用，而是当该表或视图中的数据发生添加（INSERT）、更新（UPDATE）或删除（DELETE）等事件时自动被触发（执行）。

2. 触发器的功能

触发器可以用来对表实施复杂的完整性约束，保持数据的一致性，当触发器所保护的数据发生改变时，触发器会自动被激活，响应的同时执行一定的操作（对其他相关表的操作），从而保证对数据的不完整性约束或不正确的修改。触发器可以查询其他表，同时也可以执行复杂的T–SQL语句。触发器执行的命令被当作一次事务处理，因此就具备了事务的所有特征。如果发现引起触发器执行的T–SQL语句执行了一个非法操作，比如关于其他表的相关性操作，发现数据丢失或需调用的数据不存在，那么就回滚到该事件执行前的SQL Server数据库状态。

3. 触发器的分类

1）按照触发级别分类

触发器的触发级别是指触发器动作执行次数，分为两类：

（1）行级触发器：对于受触发语句所影响的每一行，行触发器触发一次。

（2）语句级触发器：该类型触发器只对触发语句执行一次，不管其受影响的行数。

2）按照触发时间分类

触发时间是指触发器动作的执行相对于触发语句执行之后或之前，分为两类：

（1）BEFORE触发器：该触发器执行触发器动作是在触发语句执行之前。

（2）AFTER触发器：该触发器执行触发器动作是在触发语句执行之后。

3）按照激活触发的操作分类

激活触发的操作是指对数据表实行什么样的操作时激活触发器，分为3类：

（1）INSERT触发器：向数据表中插入数据时执行触发器动作。

（2）UPDATE触发器：当更新数据表中的数据时执行触发器动作。

（3）DELETE触发器：当删除数据表中的数据时执行触发器动作。

4）按照触发器触发的对象分类

触发器触发的对象是指在什么对象上激活触发器，可以分为4类：

（1）数据表触发器：对数据表触发的触发器。

（2）视图触发器：对视图触发的触发器。

（3）用户触发器：对用户触发的触发器。

（4）数据库触发器：对数据库触发的触发器。

将上述不同的分类进行组合就可以得到很多种类的触发器。

二、使用 SQL 创建触发器

语法格式如下：

```
CREATE TRIGGER trigger_name
ON { table|view}
[WITH ENCRYPTION]
{
{ { FOR|AFTER|INSTEAD OF}{[INSERT][,][UPDATE]}
[WITH APPEND]
[NOT FOR REPLICATION]
AS
[{ IF UPDATE( column )
[{ AND|OR}UPDATE( column )]
[...n]
| IF( COLUMNS_UPDATED( ){ bitwise_operator}updated_bitmask )
{ comparison_operator}column_bitmask[...n]
}]
sql_statement[...n]
}
}
```

参数说明：

➤ trigger_name：是触发器的名称。触发器名称必须符合标识符规则，并且在数据库中必须唯一，可以选择是否指定触发器所有者名称。

➤ table | view：是在其上执行触发器的表或视图，有时称为触发器表或触发器视图。可以选择是否指定表或视图的所有者名称。

➤ WITH ENCRYPTION：加密 syscomments 表中包含 CREATE TRIGGER 语句文本的条目。使用 WITH ENCRYPTION 可防止将触发器作为 SQL Server 复制的一部分发布。

➤ AFTER：指定触发器只有在触发 SQL 语句中指定的所有操作都已成功执行后才激发。所有引用级联操作和约束检查也必须成功完成后，才能执行此触发器。如果仅指定 FOR 关键字，则 AFTER 是默认设置。不能在视图上定义 AFTER 触发器。

➤ INSTEAD OF：指定执行触发器而不是执行触发 SQL 语句，从而替代触发语句的操作。在表或视图上，每个 INSERT、UPDATE 或 DELETE 语句最多可以定义一个 INSTEAD OF 触发器。然而，可以在每个具有 INSTEAD OF 触发器的视图上定义视图。INSTEAD OF 触发器不能在 WITH CHECK OPTION 的可更新视图上定义。如果向指定了 WITH CHECK OPTION 选项的可更新视图添加 INSTEAD OF 触发器，SQL Server 将产生一个错误。用户必须用 ALTER VIEW 删除该选项后才能定义INSTEAD OF触发器。

➢ { [DELETE] [,] [INSERT] [,] [UPDATE] }：是指定在表或视图上执行哪些数据修改语句时将激活触发器的关键字。必须至少指定一个选项。在触发器定义中允许使用以任意顺序组合的这些关键字。如果指定的选项多于一个，需用逗号分隔这些选项。对于 INSTEAD OF触发器，不允许在具有ON DELETE级联操作引用关系的表上使用DELETE选项。同样，也不允许在具有ON UPDATE级联操作引用关系的表上使用UPDATE选项。

➢ WITH APPEND：指定应该添加现有类型的其他触发器。只有当兼容级别是6.5或更低时，才需要使用该可选子句。如果兼容级别是7.0或更高，则不必使用WITH APPEND子句添加现有类型的其他触发器（这是兼容级别设置为 7.0 或更高的 CREATE TRIGGER的默认行为）。WITH APPEND 不能与 INSTEAD OF 触发器一起使用。如果显式声明了 AFTER 触发器，则也不能使用该子句。仅当为了向后兼容而指定了 FOR 时（但没有 INSTEAD OF 或AFTER），才能使用WITH APPEND。如果指定了EXTERNAL NAME（即触发器为CLR触发器），则不能指定 WITH APPEND。

➢ NOT FOR REPLICATION：表示当复制进程更改触发器所涉及的表时，不应执行该触发器。

➢ AS：是触发器要执行的操作。

➢ sql_statement：是触发器的条件和操作。触发器条件指定其他准则，以确定DELETE、INSERT或UPDATE 语句是否导致执行触发器操作。

【例11-1】创建触发器检查班级信息表被修改则给出提示。

```
CREATE TRIGGER Trig_ClassInfo
On ClassInfo
After INSERT,UPDATE
AS
PRINT '有记录被修改或插入！'
--测试触发器
INSERT INTO ClassInfo(ClassID,ClassName)
VALUES('20080704','计科08')
UPDATE ClassInfo Set ClassName='计08' WHERE ClassID='20080704'
```

在创建触发器之前，应该考虑的问题：

（1）CREATE TRIGGER必须是批处理语句的第一个语句。该批处理中随后的其他所有语句将被解释为CREATE TRIGGER语句定义的一部分。

（2）创建触发器的权限默认分配给表的所有者，且不能将该权限转给其他用户。

（3）触发器为数据库对象，其名称必须遵循标识符的命名规则。

（4）虽然触发器可以引用当前数据库以外的对象，但只能在当前数据库中创建触发器。

（5）虽然不能在临时表或系统表上创建触发器，但是触发器可以引用临时表。不应引用系统表，而应使用信息架构视图。

（6）在含有DELETE或UPDATE操作定义的外键的表中，不能定义INSTEAD OF和INSTEAD OF UPDATE触发器。

（7）虽然TRUNCATE TABLE语句类似没有WHERE子句（用于删除行）的DELETE语句，但它并不会引发DELETE触发器，因为TRUNCATE TABLE语句没有记录。

（8）RITETEXT语句不会引发INSERT或UPDATE触发器。

三、虚拟表

触发器语句中使用了两种特殊的表DELETED和INSERTED，由SQL Server自动创建和管理这两张表，在触发执行时存在，在触发结束时消失。可以使用这两个临时的驻留内存的表测试某些数据修改的效果及设置触发器操作的条件；然而，不能直接对表中的数据进行更改。

DELETED表用于存储DELETE和UPDATE语句所影响的行的副本。在执行DELETE或UPDATE语句时，行从触发器表中删除，并传输到DELETED表中。DELETED表和触发器表通常没有相同的行。

INSERTED表用于存储INSERT和UPDATE语句所影响的行的副本。在一个插入或更新事务处理中，新建行被同时添加到INSERTED表和触发器表中。INSERTED表中的行是触发器表中新行的副本。

更新事务类似于在删除之后执行插入；首先旧行被复制到DELETED表中，然后新行被复制到触发器表和INSERTED表中。

【例11-2】检查INSERTED虚拟表。

```
CREATE TRIGGER TrigClassInfo_INSERT
On ClassInfo  For INSERT
As
Begin
  if exists(SELECT * FROM dbo.sysobjects WHERE name='MyINSERTED')
     DROP TABLE MyINSERTED
  SELECT * INTO MyINSERTED FROM INSERTED
End
--测试语句
INSERT INTO ClassInfo VALUES('20040705','computer2004','good')
SELECT * FROM MyINSERTED
```

【例11-3】检查DELETED虚拟表。

```
CREATE TRIGGER TrigClassInfo_DELETE
On ClassInfo
For DELETE
As
Begin
  if exists(SELECT * FROM dbo.sysobjects WHERE name='MyDELETED')
     DROP TABLE MyDELETED
  SELECT * INTO MyDELETED FROM DELETED
End
--测试语句
```

```
DELETE FROM classinfo WHERE classid='20040705'
SELECT * FROM MyDELETED
```

【例11-4】查询UPDATE语句触发器中的INSERTED、DELETED表。

```
CREATE TRIGGER TrigClassInfo_UPDATE
On ClassInfo  For UPDATE
As
Begin
  if exists(SELECT * FROM dbo.sysobjects WHERE name='U_DELETED')
    DROP TABLE U_DELETED
  if exists(SELECT * FROM dbo.sysobjects WHERE name='U_DELETED')
    DROP TABLE U_INSERTED
  SELECT * INTO U_DELETED FROM DELETED
  SELECT * INTO U_INSERTED FROM INSERTED
End
--测试语句
UPDATE ClassInfo SET ClassName='计科08'  WHERE ClassID='20080704'
```

四、使用 SQL 查看触发器

语法格式如下：

```
EXECUTE|EXEC Sp_helptrigger 'table_name'[,'type']
```

功能：查看触发器。

【例11-5】查看CourseInfo表的UPDATE触发器的SQL语句。

```
EXEC sp_helptrigger 'CourseInfo','UPDATE'
```

【例11-6】使用 sp_helptext查看TrigCourseInfo触发器的内容。

```
EXEC sp_helptext TrigCourseInfo
EXEC sp_depends 'TrigCourseInfo'      --查看触发器的依赖
```

五、使用 SQL Server Management Studio 管理触发器

在 SQL Server Management Studio中，打开"对象资源管理器"窗口，展开"数据库"节点，再展开选中的具体数据库节点，右击"触发器"文件夹，在弹出的快捷菜单中选择"新建触发器"命令，如图11-1 所示。

通过"触发器"的右键菜单功能，可以新建触发器。假如原来的表中已经存在了触发器，通过双击"触发器"选项可以查看到具体的触发器，在此处可以对触发器执行修改、删除等操作。

当选择"新建触发器"命令后，在右侧查询编辑器中出现创建触发器的模板，显示了CREATE TRIGGER语句的框架，可以修改要创建触发器的名称，然后加入触发器所包含的语句即可，如图11-2所示。

图 11-1 使用 SQL Server Management Studio 新建触发器

```
--==============================================
--   Create database trigger template
--==============================================
USE <database_name, sysname, AdventureWorks>
GO

IF EXISTS(
  SELECT *
    FROM sys.triggers
   WHERE name = N'<trigger_name, sysname, table_alter_drop_safety>'
     AND parent_class_desc = N'DATABASE'
)
    DROP TRIGGER <trigger_name, sysname, table_alter_drop_safety> ON DATABASE
GO

CREATE TRIGGER <trigger_name, sysname, table_alter_drop_safety> ON DATABASE
    FOR <data_definition_statements, , DROP_TABLE, ALTER_TABLE>
 AS
IF IS_MEMBER ('db_owner') = 0
BEGIN
   PRINT 'You must ask your DBA to drop or alter tables!'
   ROLLBACK TRANSACTION
END
GO
```

图 11-2 创建触发器模板

任务实施

创建触发器，检测已经超过缴费日期的用户并显示。

```
Create trigger Show_Unpaid_user
```

```
On userpayment
After update
As
Select sid,houseid,paymentdate,duedate
From userpayment
Where duedate<getdate()
```

运行结果如图11-3所示。

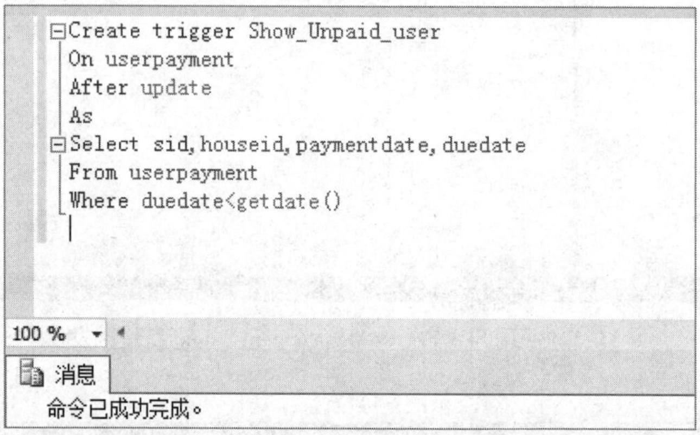

```
Create trigger Show_Unpaid_user
On userpayment
After update
As
Select sid,houseid,paymentdate,duedate
From userpayment
Where duedate<getdate()

100 %  ▼  ◄

消息
命令已成功完成。
```

图 11-3　超过缴费日期用户提示

任务2　物业管理新业务提醒设置

任务导入

在任务1实现后，物业公司又提出了新的要求，希望有一个时间的缓冲期，提前一个月知道哪些用户费用即将到期，好提前通知用户。

根据用户要求，对Show_Unpaid_User触发器进行修改。

知识技能准备

一、使用 SQL 修改触发器

对于已建立的触发器，可以使用ALTER TRIGGER修改触发器。

语法格式如下：

```
ALTER TRIGGER trigger_name
ON( table|view )
[WITH ENCRYPTION]
{
{( FOR|AFTER|INSTEAD OF ){[DELETE][,][INSERT][,][UPDATE]}
```

```
[NOT FOR REPLICATION]
AS
sql_statement[...n]
}
|{( FOR|AFTER|INSTEAD OF ){[INSERT][,][UPDATE]}}
[NOT FOR REPLICATION]
AS
{ IF UPDATE( column )
[{ AND|OR}UPDATE( column )]
[...n]
| IF( COLUMNS_UPDATED( ){ bitwise_operator}UPDATEd_bitmask )
{ comparison_operator}column_bitmask[...n]
}
sql_statement[...n]
}
}
```

参数的意义与CREATE TRIGGER相同。

二、使用 SQL 删除触发器

语法格式如下：

```
DROP TRIGGER { trigger}[,...n]
```

功能：删除触发器。其中 trigger 是要删除触发器的名称，*n*表示可以指定多个触发器的占位符。

【例 11-7】删除触发器Trig_ClassInfo。

```
DROP TRIGGER Trig_ClassInfo
```

任务实施

```
Alter trigger Show_Unpaid_user
On userpayment
After update
As
Select sid,houseid,paymentdate,duedate
From userpayment
Where datediff(month,duedate,getdate())=11
```

运行结果如图11-4所示。

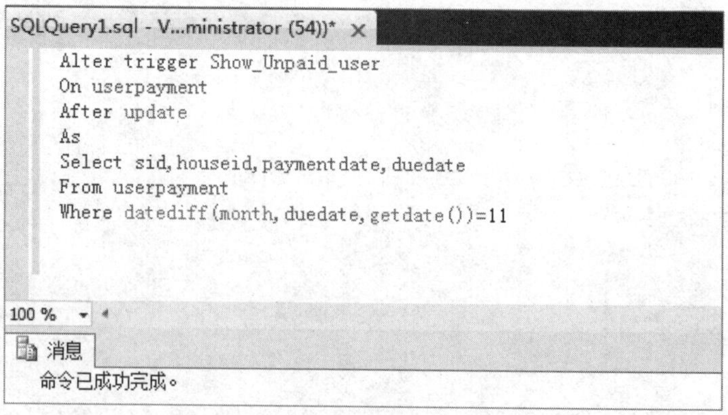

图 11-4　超期用户提前 1 个月提示

小　　结

本单元学习了触发器的使用。通过本单元的学习，要求掌握以下内容：
➢ 触发器的基本概念；
➢ 触发器的创建、修改和删除。

实　　训

在图书管理系统中，通过创建After触发器实现书籍借出后库存和外借内容的自动更新。

习　　题

1. 执行delete、update、insert 触发器时，分别创建了哪些临时表。
2. Instead of触发器和after触发器有哪些不同？

单元 12

系统部署

在SQL Server数据库系统中，进行企业级的应用，需要将数据库系统部署到本地或者远程服务器上。可以通过备份/恢复、分离附加、生成数据库脚本的方式布置系统。

学习目标

➢掌握常用的部署方法；

➢掌握脚本的生成方法。

具体任务

➢任务　部署数据库

任务　部署数据库

任务导入

物业管理系统中有十几张表，要将数据库文件随着应用系统部署到Web应用服务器上。

SQL Server常用数据库文件的部署有三种方式：

➢ 备份/恢复；

➢ 分离/附加；

➢ 用数据库脚本。

如果远程部署数据库系统，最佳方式是通过脚本进行，所以选用脚本方式实现部署。

知识技能准备

一、脚本

数据库脚本是包含不属于数据库架构定义的 T-SQL 语句或实用工具的附加文件。可以使用数据库脚本作为部署步骤（预先部署脚本和后期部署脚本）的一部分，也可以在数据库项目中存储常规管理脚本。如果重命名数据库对象，则可以使用数据库重构自动更新脚本中对该对象的任何引用。

二、部署脚本

生成数据库项目时，将预先部署脚本、数据库对象定义和后期部署脚本编译为一个数据库架构文件（.dbschema）。

如果指定某个脚本作为预先部署脚本或后期部署脚本，然后以同样方式指定另一个脚本，则第一个脚本的生成操作将自动设置为"不在生成中"。对于每个数据库项目只能有一个预先部署脚本和一个后期部署脚本。

如果更改部署脚本引用对象的名称或特征，但不更新脚本中的引用，则部署可能会失败。例如，可能向后期部署脚本的表中插入数据。如果重命名该表但不更新脚本，则 INSERT 语句将失败。如果使用重命名重构对该表进行重命名，则将更新部署脚本。

要在前期部署或后期部署步骤中使用多个脚本，则必须使用语句指定包括其他预先部署或后期部署脚本的顶级脚本。

三、附加脚本

除了部署脚本外，还可向数据库项目中添加其他公用脚本。可以通过在数据库项目的Scripts 文件夹下创建子文件夹来组织这些脚本，在T-SQL 编辑器中打开任何一个这些附加脚本时，均可连接到数据库服务器并执行该脚本的全部或一部分。

任务实施

1. 生成EstateManage数据库的执行脚本

（1）打开SQL Server 2012 后，选择EstateManage数据库，如图12-1所示。

视频

图 12-1　选择要部署数据库

（2）在数据库上右击，在弹出的快捷菜单中选择"任务"→"生成脚本"命令，如图12-2所示。

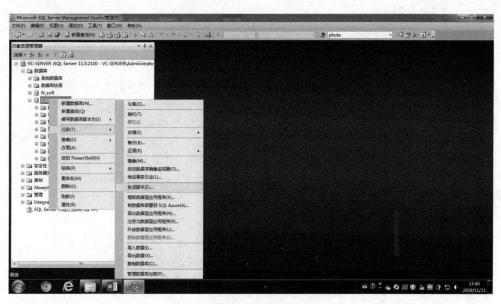

图 12-2 选择"生成脚本"命令

（3）进入"简介"界面，单击"下一步"按钮，如图12-3所示。

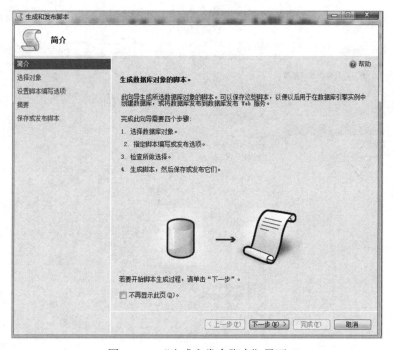

图 12-3 "生成和发布脚本"界面

（4）进入"选择对象"界面，如图12-4所示，可以选择导出整个数据库的脚本，或者其中的部分表，单击"下一步"按钮。

图 12-4　"选择对象"界面

（5）进入"设置脚本编写选项"界面，选择好路径，然后单击"高级"按钮，如图12-5所示。

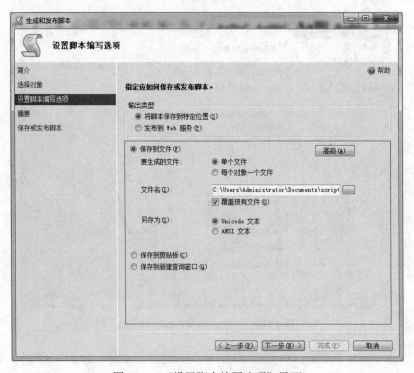

图 12-5　"设置脚本编写选项"界面

（6）在弹出的"高级脚本编写选项"对话框的左侧选择"要编写脚本的数据类型"选项，然后在右侧的下拉列表框中选择"架构和数据"选项，之后回到编写选项的页面，单击"下一步"按钮，如图12-6所示。

图 12-6　"高级脚本编写选项"对话框

（7）在图12-7所示界面中单击"下一步"按钮，开始执行保存或发布脚本，如图12-8所示。

图 12-7　"摘要"界面

图 12-8 "保存或发布脚本"对话框

2. 在要部署的机器上执行脚本

在要部署的SQL Server系统中，打开脚本文件，选择"调试"→"启动调试"命令，如图12-9所示，或按【Alt+F5】组合键，执行脚本，完成部署。

图 12-9 运行脚本部署数据库

3. 数据库系统实现脚本

1）创建数据库脚本

```
CREATE DATABASE EstateManagement ON  PRIMARY
 ( NAME='estatemanagement', FILENAME ='F:\estatemanagement.mdf', SIZE=6144KB ,
MAXSIZE=UNLIMITED, FILEGROWTH=1024KB )
 LOG ON
 ( NAME='estatemanagement_log', FILENAME='F:\estatemanagement_log.ldf' ,
SIZE=1024KB , MAXSIZE=2048GB , FILEGROWTH=10%)
 COLLATE Chinese_PRC_CI_AS
 GO
```

2）创建BuildingInfo表脚本

```
CREATE TABLE[dbo].[BuildingInfo](
    [BuildingId][nchar](20)NOT NULL,
    [Propertid][nchar](10)NULL,
    [BuildingName][nvarchar](50)NULL,
    [elementsNum][int]NULL,
    [HouseHolds][int]NULL,
    [layers][int]NULL,
    [high][decimal](5, 2)NULL,
    [builddate][date]NULL,
CONSTRAINT[PK_BuildingInfo]PRIMARY KEY CLUSTERED
(
    [BuildingId]ASC
)WITH(PAD_INDEX=OFF, STATISTICS_NORECOMPUTE=OFF, IGNORE_DUP_KEY=OFF,
ALLOW_ROW_LOCKS=ON, ALLOW_PAGE_LOCKS=ON)ON[PRIMARY]
)ON[PRIMARY]
```

其他表的脚本见附录B。

小 结

本单元学习了数据库系统的系统部署，通过本单元的学习，要求掌握以下内容：

➢ 数据库系统部署的三种方法；

➢ 数据库脚本的生成；

➢ 通过脚本部署数据库。

实 训

假设已经部署完成物业管理系统数据库EstateManage，由于工作人员的误操作，造成其中PropertyInfo、HouseType两张表被破坏，请按照本单元所学习的脚本部署方式，完成这两张表的修复。

附录 A 职苑物业管理系统数据库各表属性定义

表 A-1 LoginUser（登录用户名称）

字段名	类型	长度	是否主键	是否外键	说明
member_login	nvarchar	20	是		登录名
member_password	nvarchar	20			密码
email	nvarchar	50			邮箱
phone	char	12			联系电话
date_created	datetime				创建日期
Login_ip	char	50			登录 IP 地址
last_login_date	datetime				登录日期
Login_count	int				登录次数
security_level_id	smallint				权限级别
memo	nvarchar	50			备注

表 A-2 PropertyInfo（物业基本信息）

字段名	类型	长度	是否主键	是否外键	说明
Propertid	nvarchar	10	是		物业序号
PropertName	nvarchar	50			物业名称
principal	nvarchar	20			负责人
CompletionDate	datetime				建成日期
PersonContact	nvarchar	20			联系人
Phone	char	12			联系固话
MobilePh	char	12			移动电话
Area	decimal	10,2			占地面积
RoadArea	decimal	10,2			道路面积
ParkingArea	decimal	10,2			设计车位面积
StructureArea	decimal	10,2			建筑面积
TopNum	int				高层数
CarportArea	decimal	10,2			车库面积
PublicArea	decimal	10,2			公共面积
LayersNum	Int				多层数
ParkingNum	int				车位数
GreenArea	decimal	10,2			绿化面积

续表

字段名	类型	长度	是否主键	是否外键	说明
Address	nvarchar	50			位置
memo	nvarchar	50			备注

表 A-3　User_property（管理员对应管理的物业）

字段名	类型	长度	是否主键	是否外键	说明
sid	int		是		自动增长
member_id	nvarchar	20		是	用户名
Propertid	nvarchar	10		是	物业编号

表 A-4　HouseType（房型分类）

字段名	类型	长度	是否主键	是否外键	说明
TypeId	nvarchar	10	是		类型编号
Propertid	nvarchar	10		是	物业编号
Called	nvarchar	50			名称
Structurearea	decimal	10,2			建筑面积
UsableArea	decimal	10,2			使用面积
PerSquareMeter	decimal	10,2			每平方米缴费

表 A-5　Facility（物业设施）

字段名	类型	长度	是否主键	是否外键	说明
FacilityId	nvarchar	10	是		设施序号
Propertid	nvarchar	10		是	物业序号
Name	nvarchar	50			名称
Type	nvarchar	10			类型
principal	nvarchar	20			负责人
PersonContact	nvarchar	20			联系人
Phone	nvarchar	12			电话

表 A-6   BuildingInfo（楼宇信息）

字段名	类型	长度	是否主键	是否外键	说明
BuildingId	nvarchar	10	是		建筑编号
Propertid	nvarchar	10		是	楼宇号
BuildingName	nvarchar	50			楼名
elementsNum	int				单元数
HouseHolds	int				户数
layers	int				楼层
high	decimal	10,2			层高
buildDate	datetime				建成日期

表 A-7   HouseInfo（房屋信息）

字段名	类型	长度	是否主键	是否外键	说明
sid	nvarchar	10	是		房产证号
HouseId	nvarchar	10			房号
BuildingId	nvarchar	10		是	建筑编号
Propertid	nvarchar	10		是	物业编号
OwnerId	nvarchar	10		是	业主编号
TypeId	nvarchar	10		是	房屋类型

表 A-8   HouseOwner（业主信息）

字段名	类型	长度	是否主键	是否外键	说明
OwnerId	nvarchar	10	是		业主编号
name	nvarchar	20			姓名
sex	nvarchar	1			性别
WorkOrg	nvarchar	50			工作单位
ID	nchar	18			身份证号
Phone	nvarchar	12			固话
Mobile	nvarchar	12			移动电话
Email	nvarchar	30			电子邮件
responsiblePerson	nvarchar	20			联系人
photo	image				照片
StayYesNo	bit				是否入住
StayDate	datetime				入住日期

表 A-9　EquipmentInfo（设备信息）

字段名	类型	长度	是否主键	是否外键	说明
EquipmentId	nvarchar	10	是		设备编号
Called	nvarchar	50			名称
Propertid	nvarchar	10		是	所属物业
BuildingId	nvarchar	10		是	所属楼宇
specification	nvarchar	100			规格
number	int				数量
manufacturer	nvarchar	50			厂商
InstallDate	datetime				安装日期
Period	int				维修周期
memo	nvarchar	50			备注

表 A-10　EquipmentMaintenance（设备维修）

字段名	类型	长度	是否主键	是否外键	说明
MaintenceId	nvarchar	10	是		自动
EquipmentId	nvarchar	10		是	设备编号
Cause	nvarchar	50			维修事由
constructionorg	nvarchar	50			施工单位
principal	nvarchar	20			负责人
cost	decimal	10,2			费用
MDate	datetime				维修日期

表 A-11　User payment（用户缴费表）

字段名	类型	长度	是否主键	是否外键	说明
id	nvarchar	10	是		自动增长
sid	nvarchar	10		是	房产编号
HouseId	nvarchar	10		是	房号
CarbarnId	nvarchar	10		是	车库编号
PaymentDate	datetime				缴费日期
DueDate	datetime				到期日
Howmuch	decimal				费用额
Operator	nvarchar	20			经办人

表 A-12　Carbarn（车位表）

字段名	类型	长度	是否主键	是否外键	说明
CarbarnId	nvarchar	10	是		车库编号

续表

字段名	类型	长度	是否主键	是否外键	说明
CarbarnName	nvarchar	20			车库名
Propertid	nvarchar	10		是	物业编号
OwnerID	nvarchar	10		是	业主编号
TypeId	nvarchar	10		是	房产类型编号
StayYesNo	bit				是否使用
StayDate	datetime				起始日期

表 A-13　tenement（住户表）

字段名	类型	长度	是否主键	是否外键	说明
TenementId	nvarchar	10	是		住户编号
sid	nvarchar	10		是	房产编号
OwnerID	nvarchar	10		是	业主编号
name	nvarchar	20			姓名
sex	nvarchar	1			性别
WorkOrg	nvarchar	50			工作单位
ID	nvarchar	10			身份证号
Mobile	nvarchar	12			移动电话
photo	image				照片
StayDate	datetime				入住日期

附录 B 职苑物业管理系统数据库各表实现脚本

1. 创建BuildingInfo表脚本

```
CREATE TABLE[dbo].[BuildingInfo](
    [BuildingId][nchar](20)NOT NULL,
    [Propertid][nchar](10)NULL,
    [BuildingName][nvarchar](50)NULL,
    [elementsNum][int]NULL,
    [HouseHolds][int]NULL,
    [layers][int]NULL,
    [high][decimal](5, 2)NULL,
    [builddate][date]NULL,
 CONSTRAINT[PK_BuildingInfo]PRIMARY KEY CLUSTERED
(
    [BuildingId]ASC
)WITH(PAD_INDEX=OFF, STATISTICS_NORECOMPUTE=OFF, IGNORE_DUP_KEY=OFF,
ALLOW_ROW_LOCKS=ON, ALLOW_PAGE_LOCKS=ON)ON[PRIMARY]
)ON[PRIMARY]
```

2. 创建表Carbarn脚本

```
SET ANSI_NULLS ON
GO
SET QUOTED_IDENTIFIER ON
GO
CREATE TABLE[dbo].[Carbarn](
    [CarbarnId][nchar](10)NOT NULL,
    [CarbarnName][nvarchar](50)NULL,
    [PropertId][nchar](10)NULL,
    [OwnerId][nchar](10)NULL,
    [TypeId][nchar](10)NULL,
    [StayYesNo][bit]NULL,
    [StayDate][date]NULL,
 CONSTRAINT[PK_Carbarn]PRIMARY KEY CLUSTERED
(
    [CarbarnId]ASC
)WITH(PAD_INDEX=OFF, STATISTICS_NORECOMPUTE=OFF, IGNORE_DUP_KEY=OFF,
ALLOW_ROW_LOCKS=ON, ALLOW_PAGE_LOCKS=ON)ON[PRIMARY]
)ON[PRIMARY]
```

3. 创建表EquipmentInfo脚本

```
SET ANSI_NULLS ON
GO
```

```
SET QUOTED_IDENTIFIER ON
GO
CREATE TABLE[dbo].[EquipmentInfo](
    [EquipmentId][nchar](10)NOT NULL,
    [Called][nvarchar](50)NULL,
    [PropertId][nchar](10)NULL,
    [BuildingId][nchar](10)NULL,
    [Specification][nvarchar](100)NOT NULL,
    [number][int]NULL,
    [manufacturer][nvarchar](50)NULL,
    [InstallDate][date]NULL,
    [Period][int]NULL,
    [memo][nvarchar](50)NULL,
 CONSTRAINT[PK_EquipmentInfo]PRIMARY KEY CLUSTERED
(
    [EquipmentId]ASC
)WITH(PAD_INDEX=OFF, STATISTICS_NORECOMPUTE=OFF, IGNORE_DUP_KEY=OFF,
ALLOW_ROW_LOCKS=ON, ALLOW_PAGE_LOCKS=ON)ON[PRIMARY]
)ON[PRIMARY]
```

4. 创建表EquipmentMaintenance脚本

```
SET ANSI_NULLS ON
GO
SET QUOTED_IDENTIFIER ON
GO
CREATE TABLE[dbo].[EquipmentMaintenance](
    [MaintenceId][int]IDENTITY(1,1001)NOT NULL,
    [EquipmentId][nchar](10)NOT NULL,
    [Cause][nvarchar](50)NULL,
    [ConstructionOrg][nvarchar](50)NOT NULL,
    [Principal][nvarchar](20)NOT NULL,
    [cost][decimal](10, 3)NULL,
    [MDate][date]NULL,
 CONSTRAINT[PK_EquipmentMaintenance]PRIMARY KEY CLUSTERED
(
    [MaintenceId]ASC
)WITH(PAD_INDEX=OFF, STATISTICS_NORECOMPUTE=OFF, IGNORE_DUP_KEY=OFF,
ALLOW_ROW_LOCKS=ON, ALLOW_PAGE_LOCKS=ON)ON[PRIMARY]
)ON[PRIMARY]
```

5. 创建表Facility脚本

```
SET ANSI_NULLS ON
GO
```

```
SET QUOTED_IDENTIFIER ON
GO
CREATE TABLE[dbo].[Facility](
    [FacilityId][nchar](10)NOT NULL,
    [Propertid][nchar](10)NULL,
    [Namer][nvarchar](50)NULL,
    [Type][nvarchar](10)NULL,
    [Principal][nvarchar](20)NULL,
    [PersonContact][nvarchar](20)NULL,
    [Phone][nchar](12)NULL,
 CONSTRAINT[PK_Facility]PRIMARY KEY CLUSTERED
 (
    [FacilityId]ASC
 )WITH(PAD_INDEX=OFF, STATISTICS_NORECOMPUTE=OFF, IGNORE_DUP_KEY=OFF,
ALLOW_ROW_LOCKS=ON, ALLOW_PAGE_LOCKS=ON)ON[PRIMARY]
 )ON[PRIMARY]
```

6．创建表HouseInfo脚本

```
SET ANSI_NULLS ON
GO
SET QUOTED_IDENTIFIER ON
GO
CREATE TABLE[dbo].[HouseInfo](
    [sid][nchar](10)NOT NULL,
    [HouseId][nvarchar](10)NULL,
    [BuildingId][nchar](20)NULL,
    [Propertid][nchar](10)NULL,
    [OwnerId][nchar](10)NULL,
    [TypeId][nchar](10)NULL,
 CONSTRAINT[PK_HouseInfo]PRIMARY KEY CLUSTERED
 (
    [sid]ASC
 )WITH(PAD_INDEX=OFF, STATISTICS_NORECOMPUTE=OFF, IGNORE_DUP_KEY=OFF,
ALLOW_ROW_LOCKS=ON, ALLOW_PAGE_LOCKS=ON)ON[PRIMARY]
 )ON[PRIMARY]
```

7．创建表HouseOwner脚本

```
SET ANSI_NULLS ON
GO
SET QUOTED_IDENTIFIER ON
GO
CREATE TABLE[dbo].[HouseOwner](
    [OwnerId][nchar](10)NOT NULL,
```

```
    [name][nvarchar](20)NULL,
    [sex][nchar](1)NULL,
    [WorkOrg][nvarchar](50)NULL,
    [ID][nchar](18)NULL,
    [Phone][nchar](12)NULL,
    [Mobile][nchar](12)NULL,
    [EMail][nvarchar](30)NULL,
    [ResponsiblePerson][nvarchar](20)NULL,
    [StayYesNo][bit]NULL,
    [StayDate][date]NULL,
    [photo][nchar](50)NULL,
 CONSTRAINT[PK_HouseOwner]PRIMARY KEY CLUSTERED
(
    [OwnerId]ASC
)WITH(PAD_INDEX=OFF, STATISTICS_NORECOMPUTE=OFF, IGNORE_DUP_KEY=OFF,
ALLOW_ROW_LOCKS=ON, ALLOW_PAGE_LOCKS=ON)ON[PRIMARY]
)ON[PRIMARY]
```

8. 创建表HouseType脚本

```
SET ANSI_NULLS ON
GO
SET QUOTED_IDENTIFIER ON
GO
CREATE TABLE[dbo].[HouseType](
    [TypeId][nchar](10)NOT NULL,
    [Propertid][nchar](10)NULL,
    [Called][nvarchar](50)NULL,
    [Structurearea][decimal](10, 2)NULL,
    [UsableArea][decimal](10, 2)NULL,
    [PerSquareMeter][decimal](10, 2)NULL,
 CONSTRAINT[PK_HouseType]PRIMARY KEY CLUSTERED
(
    [TypeId]ASC
)WITH(PAD_INDEX=OFF, STATISTICS_NORECOMPUTE=OFF, IGNORE_DUP_KEY=OFF,
ALLOW_ROW_LOCKS=ON, ALLOW_PAGE_LOCKS=ON)ON[PRIMARY]
)ON[PRIMARY]
```

9. 创建表loginuser脚本

```
SET ANSI_NULLS ON
GO
SET QUOTED_IDENTIFIER ON
GO
SET ANSI_PADDING ON
```

```
GO
CREATE TABLE[dbo].[loginuser](
    [member_login][nvarchar](20)NOT NULL,
    [member_password][nvarchar](20)NULL,
    [email][nvarchar](50)NULL,
    [phone][char](12)NULL,
    [phone_evn][char](12)NULL,
    [fax][char](12)NULL,
    [date_created][datetime]NULL,
    [login_ip][char](50)NULL,
    [login_count][int]NOT NULL,
    [last_login_date][datetime]NULL,
    [security_level_id][smallint]NULL,
    [memo][char](40)NULL,
 CONSTRAINT[PK_loginuser]PRIMARY KEY CLUSTERED
(
    [member_login]ASC
)WITH(PAD_INDEX=OFF, STATISTICS_NORECOMPUTE=OFF, IGNORE_DUP_KEY=OFF,
ALLOW_ROW_LOCKS=ON, ALLOW_PAGE_LOCKS=ON)ON[PRIMARY]
)ON[PRIMARY]
```

10. 创建表PropertyInfo脚本

```
SET ANSI_NULLS ON
GO
SET QUOTED_IDENTIFIER ON
GO
CREATE TABLE[dbo].[PropertyInfo](
    [Propertid][nchar](10)NOT NULL,
    [PropertName][nvarchar](50)NULL,
    [principal][nvarchar](20)NULL,
    [CompletionDate][date]NULL,
    [PersonContact][nvarchar](20)NULL,
    [Phone][nchar](12)NULL,
    [MobilePh][nchar](12)NULL,
    [Area][decimal](10, 2)NULL,
    [RoadArea][decimal](10, 2)NULL,
    [ParkingArea][decimal](10, 2)NULL,
    [StructureArea][decimal](10, 2)NULL,
    [TopNum][int]NULL,
    [CarportArea][decimal](10, 2)NULL,
    [PublicArea][decimal](10, 2)NULL,
    [LayersNum][int]NULL,
    [ParkingNum][int]NULL,
```

```
    [GreenArea][decimal](10, 2)NULL,
    [Address][nvarchar](50)NULL,
    [memo][nvarchar](50)NULL,
  CONSTRAINT[PK_PropertyInfo]PRIMARY KEY CLUSTERED
(
    [Propertid]ASC
)WITH(PAD_INDEX=OFF, STATISTICS_NORECOMPUTE=OFF, IGNORE_DUP_KEY=OFF,
ALLOW_ROW_LOCKS=ON, ALLOW_PAGE_LOCKS=ON)ON[PRIMARY]
)ON[PRIMARY]
```

11. 创建表tenement脚本

```
SET ANSI_NULLS ON
GO
SET QUOTED_IDENTIFIER ON
GO
CREATE TABLE[dbo].[tenement](
    [TenementId][nchar](10)NOT NULL,
    [sid][nchar](10)NOT NULL,
    [OwnerId][nchar](10)NULL,
    [name][nvarchar](20)NULL,
    [sex][nchar](1)NULL,
    [WorkOrg][nvarchar](50)NULL,
    [ID][nchar](18)NULL,
    [Mobile][nchar](12)NULL,
    [photo][nchar](50)NULL,
    [StayDate][date]NULL,
  CONSTRAINT[PK_tenement]PRIMARY KEY CLUSTERED
(
    [TenementId]ASC
)WITH(PAD_INDEX=OFF, STATISTICS_NORECOMPUTE=OFF, IGNORE_DUP_KEY=OFF,
ALLOW_ROW_LOCKS=ON, ALLOW_PAGE_LOCKS=ON)ON[PRIMARY]
)ON[PRIMARY]
```

12. 创建表User_Property脚本

```
SET ANSI_NULLS ON
GO
SET QUOTED_IDENTIFIER ON
GO
CREATE TABLE[dbo].[User_Property](
    [Sid][int]IDENTITY(1,1)NOT NULL,
    [member_login][nvarchar](20)NULL,
    [Propertid][nchar](10)NULL,
  CONSTRAINT[PK_User_Property]PRIMARY KEY CLUSTERED
```

```
(
    [Sid]ASC
)WITH(PAD_INDEX=OFF, STATISTICS_NORECOMPUTE=OFF, IGNORE_DUP_KEY=OFF,
ALLOW_ROW_LOCKS=ON, ALLOW_PAGE_LOCKS=ON)ON[PRIMARY]
)ON[PRIMARY]
```

13．创建表UserPayment脚本

```
SET ANSI_NULLS ON
GO
SET QUOTED_IDENTIFIER ON
GO
CREATE TABLE[dbo].[UserPayment](
    [id][bigint]IDENTITY(1,1)NOT NULL,
    [sid][nchar](10)NOT NULL,
    [HouseId][nchar](10)NULL,
    [CarbarnId][nchar](10)NULL,
    [PaymentDate][date]NULL,
    [Duedate][date]NULL,
    [Howmuch][decimal](10, 4)NULL,
    [Operator][nvarchar](20)NULL,
 CONSTRAINT[PK_UserPayment_1]PRIMARY KEY CLUSTERED
(
    [id]ASC
)WITH(PAD_INDEX=OFF, STATISTICS_NORECOMPUTE=OFF, IGNORE_DUP_KEY=OFF,
ALLOW_ROW_LOCKS=ON, ALLOW_PAGE_LOCKS=ON)ON[PRIMARY]
)ON[PRIMARY]
```

参 考 文 献

［1］周文琼，王乐球. 数据库应用与开发教程［M］. 北京：中国铁道出版社，2009.

［2］刘兵. SQL Server数据库应用基础与实训［M］.合肥：安徽科技出版社，2012.

［3］特里，布鲁克纳，席尔瓦，等. SQL Server 2012 Reporting Services高级教程（第2版）［M］. 颜炯，译. 北京：清华大学出版社，2014.

［4］本咁. SQL Server 2012 T–SQL基础教程［M］. 北京：人民邮电出版社，2013.

［5］刘志成. SQL server 2005实例教程［M］. 北京：电子工业出版社，2008.

［6］孔庆月，数据库技术与应用［M］. 北京：清华大学出版社，2015.

［7］熊发涯，SQL Server 2008数据库技术与应用［M］. 北京：高等教育出版社，2017.